世界武器鉴赏系列

U0161022

民用飞机

鉴赏

（珍藏版）

《深度军事》编委会　编著

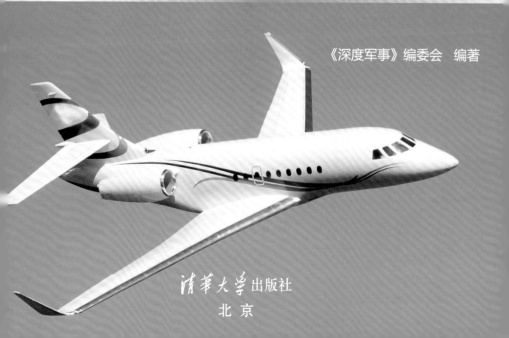

清华大学出版社
北京

内 容 简 介

本书精心选取了各国现役或退役不久的数十种民用飞机，包括民航客机、民用货机、商务飞机、通用飞机、民用直升机等多个类别，着重介绍了每种飞机的研发历史、机体构造、电子设备、动力装置、运输能力和识别特征等内容，并有准确的参数表格。通过阅读本书，读者可以全面了解各国民用飞机的发展状况。

本书内容翔实，结构严谨，分析讲解透彻，图片精美丰富，适合广大军事爱好者阅读和收藏，也可以作为青少年的科普读物。

图书在版编目(CIP)数据

民用飞机鉴赏：珍藏版 /《深度军事》编委会编著. —北京：清华大学出版社，2022.4（2025.2重印）

（世界武器鉴赏系列）

ISBN 978-7-302-60305-4

Ⅰ. ①民… Ⅱ. ①深… Ⅲ. ①民用飞机—鉴赏—世界 Ⅳ. ①V271

中国版本图书馆CIP数据核字(2022)第044368号

责任编辑：李玉萍
封面设计：王晓武
责任校对：张彦彬
责任印制：杨 艳

出版发行：清华大学出版社
   网   址：https://www.tup.com.cn，https://www.wqxuetang.com
   地   址：北京清华大学学研大厦A座 邮 编：100084
   社 总 机：010-83470000   邮 购：010-62786544
   投稿与读者服务：010-62776969，c-service@tup.tsinghua.edu.cn
   质 量 反 馈：010-62772015，zhiliang@tup.tsinghua.edu.cn

印 装 者：涿州汇美亿浓印刷有限公司
经 销：全国新华书店
开 本：146mm×210mm 印 张：12 字 数：384千字
版 次：2022年6月第1版   印 次：2025年2月第3次印刷
定 价：75.00元

产品编号：094042-01

丛书序

FOREWORD

　　国无防不立，民无防不安。一个国家、一个民族，最重要的两件大事就是发展和安全。国防是人类社会发展与安全需要的产物，是关系到国家和民族生死存亡的根本大计。军事图书作为学习军事知识、了解世界各国军事实力的绝佳途径，对提高国民的国防观念，加强青少年的军事素养有着重要意义。

　　与其他军事强国相比，我国的军事图书在写作和制作水平上还存在许多不足。以全球权威军事刊物《简氏防务周刊》（英国）为例，其信息分析在西方媒体和政府中一直被视为权威，其数据库被各国政府和情报机构广泛购买。而由于种种原因，我国的军事图书在专业性、全面性和影响力等方面还有明显不足。

　　为了给军事爱好者提供一套全面而专业的武器参考资料，并为广大青少年提供一套有趣、易懂的军事入门级读物，我们精心推出了"世界武器鉴赏系列"图书，其内容涵盖现代飞机、现代战机、早期战机、现代舰船、单兵武器、特战装备、世界名枪、世界手枪、海军武器、二战尖端武器、坦克与装甲车、无人装备、反恐装备、航天器等。

　　本系列图书由国内资深军事研究团队编写，力求内容的全面性、专业性和趣味性。我们在吸收国外同类图书优点的同时，还加入了一些独特的表现手法，努力做到化繁为简、图文并茂，以符合国内读者的阅读习惯。

　　本系列图书内容丰富、结构合理，在引导读者熟悉武器历史的同时，还提纲挈领地介绍了各种武器的作战性能。在武器的相关参数上，我们参考了武器制造商官方网站的公开数据，以及国外的权威军事文档，力图做到言之有据。每本图书都有大量的精美图片，配合别出心裁的排版，具有较高的观赏性和收藏价值。

前言

PREFACE

在中国古代，有关人类飞翔的神话很多，有人生出双翅，也有人变为鸟类，但更多的则是利用工具飞行。遗憾的是，无论神话中的人们利用哪一种方式飞翔，这个梦想都始终未能真正在现实世界中实现。直到20世纪初，人类才迎来了飞行历史上重大的跨越。1903年，美国的莱特兄弟（威尔伯·莱特和奥维尔·莱特）制造出了世界上第一架依靠自身动力载人飞行的飞行器——飞行者一号，并且试飞成功。

自从飞机发明以后，已日益成为现代人类社会不可缺少的交通运输工具，它深刻地改变和影响了人们的生活，开启了人们征服蓝天的历史进程。飞机不仅广泛应用于民用运输和科学研究，还是现代军队里的重要武器，使战争由平面发展到立体空间，对战略战术和军队组成等产生了重大影响。

本书精心选取了世界各国现役或退役不久的数十种民用飞机，包括民航客机、民用货机、商务飞机、通用飞机、民用直升机等多个类别，着重介绍每种飞机的研发历史、机体构造、电子设备、动力装置、运输能力和识别特征等内容，并有准确的参数表格。通过阅读本书，读者可以全面了解各国民用飞机的发展状况。

本书紧扣军事专业知识，不仅能引导读者熟悉飞机的构造，而且还可以了解飞机的整体性能，特别适合作为广大军事爱好者的参考资料和青少年朋友的入门读物。全书共分6章，涉及内容全面合理，并配有丰富而精美的图片。

  本书是真正面向军事爱好者的基础图书。全书由资深军事研究团队编写，力求内容的全面性、趣味性和观赏性。全书内容丰富、结构合理，关于飞机的相关参数还参考了制造商官方网站的公开数据，以及国外的权威军事文档。

  本书由《深度军事》编委会编撰，参与本书编写的人员有杨淼淼、阳晓瑜、陈利华、高丽秋、龚川、何海涛、贺强、胡姝婷、黄启华、黎安芝、黎琪、黎绍文、卢刚、罗于华等。对于广大资深军事爱好者，以及有兴趣了解并掌握国防军事知识的青少年来说，本书不失为很有价值的科普读物。希望读者朋友们能够通过阅读本书循序渐进地提高自己的军事素养。

  本书赠送的阅读资源均以二维码形式提供，读者可以使用手机扫描下面的二维码下载并观看。

目 录
CONTENTS

Chapter 1
民用飞机漫谈

　　飞机自20世纪初问世以来，日益成为现代人类社会不可缺少的交通运输工具，深刻地改变和影响着我们的生活，它不仅广泛应用于民用运输和科学研究，还是现代军队里的重要武器。

民用飞机的历史

　　1804年，英国人乔治·凯利在旋转臂上试验了一架滑翔机模型，第一次将鸟类飞行原理进行人为的模仿，并提出了最早的"定翼"思想。19世纪末，日后享誉世界的莱特兄弟（威尔伯·莱特、奥维尔·莱特）进入了航空研究领域，兄弟俩在总结前人经验和教训的基础上，开始了他们的滑翔飞行试验。很快，他们完全弄清了一架成功的飞机所应具备的三要素，即升举、推进和控制。

　　在1900年秋季到1902年秋季之间，莱特兄弟陆续制造了3架全尺寸双翼滑翔机，并利用自制风洞开展机翼翼型实验。其中，第三号滑翔机空重约53千克，加上飞行员后的重量在150～155千克。这架滑翔机在1902年秋开始试验时，取得了圆满成功，前后共计飞行了700余次，性能十分出色。

　　经过几年的努力，莱特兄弟的第一架飞机——"飞行者一号"终于出现在人们的面前。1903年12月17日，"飞行者一号"在北卡罗来纳州进行试飞。当天，"飞行者一号"总共进行了4次飞行，后来得到世界公认的第一次自由飞行是由哥哥威尔伯·莱特驾驶的第四次飞行，飞机在空中用59秒的时间飞行了260米。

"飞行者一号"飞机

此次飞行在空中时间很短，但这是一项伟大的成就：它是人类历史上具有动力、载人、持续、稳定、可操纵的重于空气的飞行器首次成功飞行。这次成功飞行具有十分伟大的历史意义，为人类征服天空揭开了新的一页，也标志着飞机时代的来临。

1927—1932年，座舱仪表和领航设备的研制取得了进展，陀螺技术应用到了飞行仪表上。这个装在万向支架上的旋转飞轮能够在空间保持定向，因而成为引导驾驶员能在黑暗中、雨雪天中飞行的各种导航仪表的基础。这时飞机中就出现了人工地平仪，它能向飞行员指示飞机所处的飞行高度；陀螺磁罗盘指示器，在罗盘上刻有度数；地磁感应罗盘，它不受飞机上常常带有的大量铁质材料的影响，也不受振动的影响。

这些仪表包括灵敏度高、能测出离地30多米的高度表和显示飞机转弯角速度的转弯侧滑仪。此外，还有指示空中航线的无线电波束，都是用来引导驾驶员通过模糊不清的大气层时的方法。

自从飞机发明以后，其日益成为现代人类社会不可缺少的运载工具。它深刻地改变和影响着人们的生活。由于发明了飞机，人类环球旅行的时间大大缩短。1949年人们进行了一次环球旅行。一架B-50轰炸机，经过4次空中加油，仅仅用了94个小时，便绕地球一周，飞行了37700千米。超音速飞机问世以后，人们飞得更高更快。1979年，英国人普斯贝特只用14个小时零6分钟，就环绕地球一周飞行了36900千米。在不到一天的时间里，就可以飞到地球的各个角落，这对于生活在20世纪之前的人类来说，真可以算得上是一个奇迹。

空中客车A340民航客机

　　二战结束初期，美国开始把大量的军用运输机改装为客机。20世纪60年代以来，世界上出现了一些大型运输机和超音速运输机，这些飞机开始逐渐推广使用涡轮风扇发动机。然而，超音速客机的发展并不乐观，其原因在于售价过高，且噪声污染大，影响经济效益。

图-144超音速飞机

　　如今错综复杂的空中航线把世界各国连接起来，为人们提供了既方便又快速的客运服务。飞机的发明也使航空运输业得到了空前发展，许多为工业发展所需的各种原料拥有了新的来源和渠道，大大减轻了人们对当地自然资源的依赖程度。

　　当然，飞机在现代战争中的作用更为惊人，其不仅可以用于侦察、轰炸，而且在预警、反潜、扫雷等方面也极为出色。从某种角度来说，飞机在近百年来所取得的技术突破几乎都是因为战争的推动。军用飞机的不断升级换代促进了航空航天技术的发展，民用飞机也因此获益匪浅，人们也越来越多地享受到飞机带来的舒适和便利。

波音747民航客机组装线

空中客车A350民航客机

民用飞机的分类

⭐ 按用途分类

以用途为分类标准，飞机可分为军用飞机与民用飞机两大类型。按不同的用途，军用飞机又可分为战斗机（也叫歼击机）、攻击机（又叫强击机）、截击机、轰炸机、反潜机、侦察机、预警机、电子战机、军用运输机、空中加油机、无人机和靶机等。民用飞机则泛指一切非军事用途的飞机，包括客机、货机、邮政机、公务机、农林业用飞机、救火用飞机、救护机、试验研究机、教练机等。

波音737客机

⭐ 按构造分类

由于飞机构造复杂，因此按构造的分类就显得种类繁多。如按机翼的数量可以将飞机分为单翼机、双翼机和多翼机。也可以按机翼平面形状分为平直翼飞机、后掠翼飞机、前掠翼飞机和三角翼飞机等。

三角翼飞机

▌▌▌▌▷ 按发动机类型分类

以发动机类型为分类标准，飞机可分为螺旋桨飞机和喷气式飞机。螺旋桨飞机包括活塞螺旋桨式飞机和涡轮螺旋桨式飞机。喷气式飞机主要包括涡轮喷气式、涡轮风扇式飞机和涡轮螺旋桨式飞机，另外还有处于发展阶段的冲压式飞机。

喷气式飞机

按发动机数量分类

以发动机数量为分类标准，飞机可分为单发（动机）飞机、双发（动机）飞机、三发（动机）飞机、四发（动机）飞机、六发（动机）飞机、八发（动机）飞机等。

双发飞机

按飞行速度分类

以飞行速度为分类标准，飞机可分为亚音速飞机和超音速飞机。亚音速飞机又可分为低亚音速飞机（飞行速度低于400千米/时）和高亚音速飞机（飞行速度为0.8～0.9马赫）。多数喷气式飞机为高亚音速飞机。超音速飞机则是指速度能超过音速的飞机。

按航程分类

以航程为分类标准，飞机可分为近程飞机、中程飞机、远程飞机。远程飞机的航程为11 000千米左右，可以完成中途不着陆的洲际跨洋飞行。中程飞机的航程为3000千米左右，近程飞机的航程一般小于1000千米。近程飞机一般用于支线，因此又称支线飞机。中、远程飞机一般用于国内干线和国际航线，又称干线飞机。

超音速飞机

远程飞机

按操作方式分类

以操作方式为分类标准，飞机可分为有人驾驶飞机和无人驾驶飞机（简称无人机）。顾名思义，前者需要飞行员操纵，后者则由遥控设备或自备程序控制系统操纵。无人机通常是专门设计的，也有用其他飞机改装的。与有人驾驶飞机相比，无人机结构简单、重量轻、尺寸小、造价低廉，能完成有人驾驶飞机不宜执行的某些任务，在军事上已得到广泛应用。

无人飞机

民用飞机起降必要设施

跑 道

规模较小的机场其跑道往往短于1000米，跑道种类为硬土、草皮或砂石跑道，而大型的机场的跑道通常铺有沥青或混凝土，长度也比较长，能承受的重量也比较大，是机场最重要的设备。在规划新机场时，通常会将当地盛行风向列入考量范围，因为飞机需逆风起降。有些机场因此会建好几条不同方向的跑道，以因应不同季节时的风向变化。

机场人员正在绘制跑道识别号码

机 坪

　　机坪大多指的是飞机停放在航站楼旁的区域，方便乘客登机和运输行李，有时机坪距离航站楼有一段路程，这时乘客需步行或搭乘登机用的公交车才能登机。机坪布局应根据机坪的类别、停放飞机的类型和数量、飞机停放方式、飞机间的净距、飞机进出机位方式等各项因素确定。

捷克布拉格机场的停机坪

控制塔

　　机场可选择性设有控制塔，这取决于空中交通密度和可利用的资金。为了方便交通管制员看清楚机场内飞机的动向，控制塔应设在高处。许多国际机场由于载运量高且航班频繁，因此机场内有自己的空中交通管制系统。

　　世界大多数机场都有控制塔，设有自己的空中交通管制系统，而只有特别繁忙的机场会使用。控制塔人员会利用无线电或其他通信方式给予飞行员指示，导引他们进行起飞或降落。这种安全监督的模式能够加强飞行安全，加快班机处理速度。

吉隆坡国际机场第一控制塔

民用飞机的航线

国内航线

　　国内航线是民用航空的一种航行线路，是指同一国家内不同城市间的飞行航线。不少的国内航线会是不经停航班，尤其是在国土较小国家的国内航线，不过也有例外。一般而言，国内航线会比国际航线便宜，因为不同国家城市之间距离的不同，也可能会有国际航线比国内航线要便宜的情形。

国际航线

　　国际航线指民用航空领域里的一种商业航线，这种航线的航班始发与到达发生于两个不同的国家之内。当航线上两个国家处于不同大洲时，此航线又被称为"洲际航线"，当航线需要跨越大洋时，此航线也被称为"跨洋航线"。国际航线与国内航线的一大区别，就是乘客在登上国际航班前，需要办理出境手续。在到达目的地后，则需要办理入境手续并接受到达国海关查验所携物品。当出发国与到达国同属一个自由旅行区域时，则不需要办理出入境手续。

⫸ 等待航线

等待航线指使飞机在一个规定的空域内进行盘旋等待，通常用来缓解由于各种原因导致飞机不能着陆的交通压力，例如机场过于繁忙、天气不允许着陆或者跑道暂时不可用等情况。一架飞机可以在不同的地方有多个等待航线，这种情况在机场运行繁忙、跑道不可用时尤为明显。飞机在执行等待航线时会有速度限制，这个速度保证飞机在执行等待航线时不会进入禁飞区或者其他无法飞越的空域。

主要民用机场

⫸ 美国洛杉矶国际机场

洛杉矶国际机场是美国加州大洛杉矶地区的主要机场，往来洛杉矶国际机场的航班遍及北美洲、南美洲、欧洲、亚洲和大洋洲。就搭乘直达班机的旅客数量而言（非衔接航班），在全球众多机场之中，洛杉矶国际机场名列前茅。

洛杉矶国际机场还是全球知名的航拍地点，当地的一些直升机运营商甚至开展了以航空拍摄为特色的业务。在没有重大情况时，飞行计划一般都能迅速得到批准。洛杉矶国际机场的航空管制部门专门为此类航空拍摄制定了相应的规则，直升机可以在机场跑道两侧以及候机楼上空悬停，或在各限制区范围内飞行。

美国洛杉矶国际机场

美国约翰·肯尼迪国际机场

约翰·肯尼迪国际机场是纽约市的主要国际机场，始建于1942年，1948年7月1日首次有商业航班，并于1948年7月31日正式命名为"纽约国际机场"。1963年12月24日机场改名为"约翰·肯尼迪国际机场"以纪念约翰·肯尼迪总统。

约翰·肯尼迪国际机场内有超过90家航空公司营运，是美国航空第四个枢纽机场和达美航空第五个枢纽机场，机场设有9个客运航站楼，各航站以U形格局围绕机场中心区域的停车场、酒店、供电设施等设施。机场共有4条跑道，所有跑道均具备高强度边灯，中线和出口滑行道灯光，并设有防滑槽，以提高抗震强度和减少飞机打滑。此外，机场有非常便利的公共交通，纽约地铁、长岛铁路、纽约公交均到达机场。

美国约翰·肯尼迪国际机场

英国希思罗机场

希思罗机场是英国伦敦的主要国际机场，有超过90家航空公司使用，可飞抵全球170余个机场，现今每年吞吐量已达7千万人次，其中11%为英国国内乘客，43%为短程国际旅客，46%为长程国际旅客。

希思罗机场共有4座航站楼，民航站坪设有212个机位，其中廊桥近机位133个，远机位64个，货机机位15个；有2条跑道，均为50米宽，长度分别为3902米和3658米。2018年6月25日，英国议会下院批准希思罗机场修建第三跑道，新跑道定于2021年动工，争取2026年投入使用。

英国希思罗机场

法国巴黎夏尔·戴高乐机场

　　巴黎夏尔·戴高乐机场是法国巴黎主要的国际机场，是欧洲主要的航空枢纽之一。机场与区域快铁系统以及高速铁路TGV系统相连，每小时可提供三或四班列车次前往巴黎市区。法国国铁提供从巴黎夏尔·戴高乐机场前往多座法国城市的列车服务

　　巴黎夏尔·戴高乐机场共有T1、T2、T3三个主航站楼及7个航空货站。站坪共设有317个机位，其中140个为廊桥机位，177个为远机位。因为巴黎夏尔·戴高乐机场位于离巴黎市中心东北25千米处的法兰西地区鲁瓦西，因此也被称为鲁瓦西机场。。

国际航空运输公约

▷ 《华沙公约》（1929 年）

《华沙公约》全称《关于统一国际航空运输某些规则的公约》，于1929年制定，是国际空运的一项基本公约。公约规定了以航空运输承运人为一方和以旅客和货物托运人与收货人为另一方的法律义务和相互关系。对空中承运人应负的责任确立了三个原则：①负过失责任，②限定赔偿责任的最高限额，③加重空中承运人的责任，禁止滥用免责条款。

▷ 《芝加哥公约》（1944 年）

《芝加哥公约》又称《国际民用航空公约》，是1944年通过的交通运输领域的国际公约，于1947年4月4日生效。

公约对在缔约国领土上空航空器的飞行、航空器的国籍、便利空中航行的措施、航空器应具备的条件、国际标准及其建议措施等方面做了规定。此外，公约还成立了国际民用航空组织，并规定该组织由大会、理事会和其他必要机构组成。

▷ 《日内瓦公约》（1948 年）

《日内瓦公约》又称《国际承认航空器权利公约》，是1948年通过的交通运输领域的国际公约，于1953年9月17日生效。

1944年11月至12月在芝加哥举行的国际民用航空会议建议签订有关转移航空器所有权的公约，且各方认为国际承认航空器权利有利于国际民用航空业的发展，为此签署了该公约。公约对航空器的登记做了规定，还对航空器的债权、拍卖等做了规定。

《蒙特利尔公约》（1971 年）

《蒙特利尔公约》（1971年）又称《关于制止危害民用航空安全的非法行为的公约》，在加拿大蒙特利尔通过，于1973年1月26日生效。该公约是缔约国考虑到危害民用航空安全的非法行为危及人身和财产的安全，严重影响航班的经营，并损害世界人民对民用航空的信任，为防止这类行为，因此制定该公约各条款。

《蒙特利尔公约》（1999 年）

《蒙特利尔公约》（1999年）又称《统一国际航空运输某些规则的公约》，目的在于确保国际航空运输消费者的权益，对在国际航空运输中旅客的人身伤亡或行李损失，或者运输货物的损失，在恢复性赔偿原则基础上建立公平赔偿的规范体系。该公约的最大特点是其通过两步递进形式为旅客人身伤亡赔偿引进了无限制责任的概念。事故发生后承运人应当按照国内法的要求，及时向索赔人先行付款，以满足其经济需要。先行付款不构成对责任的承认，并可从随后的损害赔偿金中抵消。此规定可以使受害旅客家属不需要通过冗长昂贵的法律诉讼就可以获得初步的赔偿，更符合现代经济的赔偿需求。

空勤人员

空勤人员也称机组人员，人员的组成取决于飞机的类型，以及飞行的持续时间和目的。一般情况下，空勤人员多指飞行员、飞行工程师以及空中乘务员。

飞行员

飞行员是指出于职业或非盈利性需要驾驶航空器的人员。在民用航空领域，除满足特定要求的情况外，各国民航当局一般都要求航空器驾驶员需持有相应的有效执照或合格证方可进行飞行活动。常见的航空器驾驶员执照按用途分，有私用、仪器飞行、商用、航线运输等4种。由于各国民用航空当局的规定不尽相同，所以在航空器驾驶员执照或合格证的类型上还有很大差异。

飞行员也可分为机长和副驾驶两个等级，其中机长是飞机上拥有最高指挥权的人，在航空活动中机长对航空器和旅客的安全负有直接的也是最终的责任。国际公约和各国国内法都授予了机长在飞行中最高的法律地位和至高无上的权力。根据机型不同，机长应当积累一定的飞行小时，以达到熟练性要求。而副驾驶一般又可分为第一阶段副驾驶（F1）、第二阶段副驾驶（F2）、第三阶段副驾驶（F3）、第四阶段副驾驶（F4）、左座副驾驶（FL）。

波音 777 客机的机长（左）与副驾驶（右）

飞行工程师

在航空发动机控制系统不够自动化的时代，对于装备了多台发动机的大型飞机，必须在机组中设置飞行工程师，负责根据机长命令调控各台发动机的各项技术状态，如油门、液压操控以及机舱增压、电力等系统。还可能在起飞前与降落后检查飞机状态。部分航空交通机构，对于一些同时持有飞行员执照的飞行工程师，称呼为"第二副驾驶"。

飞行工程师正在工作

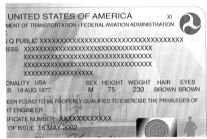

美国飞行工程师执照

空中乘务员

　　空中乘务员是民用航空中在机舱内为乘客提供各项服务的勤务人员，主要工作为确保飞航安全、供应餐食、指导乘客使用机上安全设备、维护机舱环境整洁、以及在紧急情况下引导乘客安全离开机舱等。

　　空中乘务员在经过多次面试筛选出来后，还要先接受航空公司组织的密集训练考核及实习试用，合格后才可正式上任。训练包括服务、仪态、化妆、游泳、机舱设备、餐点器具使用及流程、飞机安全、各种航线上飞行的机型逃生出口程序应用、陆地及海上逃生、急救甚至接生常识等，以确保在意外时懂得应变。

奥地利航空公司空中乘务员指导乘客落座

地勤专用辅助车辆

▎▎▎▷ ★ 压缩空气供应车

压缩空气供应车又称气源车，是专门用来提供飞机启动涡轮引擎动力的压缩空气供应车，常见于本身没有配置辅助动力系统（APU）的客机。

压缩空气供应车

▎▎▎▷ ★ 空厨补给车

空厨补给车又称冷藏食勤车，类似公路上常见的冷藏大货车，差异在货柜部分可藉油压系统垂直提升到飞机的机舱高度，以滑移搬运方式便利地勤人员直接装载餐点。

▎▎▎▷ ★ 外部电源供应车

外部电源供应车又称电源车，是在飞机发动机或辅助动力单元停止，不能自行供应机身电源的状态下，提供航机115/200V交流电源的外部电源供应车。

外部电源供应车

▷ 冷气供应车

    冷气供应车又称冷气车，通常仅供客机使用，是和电源车一样在飞机引擎停止的情况下提供机舱冷气，避免先行登机的乘客于机舱等待中发生不适。

冷气供应车

▷ 飞机拖曳车

    飞机拖曳车又称飞机拖车，是移动飞机时最重要的地勤工具车辆。因为大部分民用飞机其设计上并不具备自行后退的能力，故推行载客和整备完成后的客机离开停机坪范围至滑行道上的重大责任皆由该车负责。飞机拖曳车有两种常见类型，一种是用拖杆系住起落架，另一种无拖杆，夹住机轮后拖行。

无拖杆式飞机拖曳车

航空燃料油罐车

航空燃料油罐车绝大部分归石油公司所属并派驻于各大机场中，于飞机停靠完成后立即出现并提供飞机航空油料补给。一部分小型机场的机坪设有加油设备则不需使用油罐车。

航空燃料油罐车

飞机滑行前导车

　　飞机滑行前导车通常出动的原因是为到达本机场的飞机需停于特定位置而用以引导，或用于第一次飞行本机场的飞机为其指引专属的滑行方向和专属的停机地点。

飞机滑行前导车

行李拖曳车

　　行李拖曳车是可见度较高也较多的一种地勤车辆，通常该车后面都会连接小平板车用以运送旅客散装行李或航空货柜，少则拉1台，多则拉5~6台。

行李拖曳车正在装运行李

||||▷ 停机坪接驳巴士

停机坪接驳巴士是一种到达机场停机坪的客机距离航站出入口过远的情况下所使用的接驳工具，为能多搭载旅客，其尺寸比一般公交车宽大，特点是前后两端都能驾驶。

停机坪接驳巴士

★ 民用无人机的商业应用

20世纪30年代，英国费雷尔公司将一架"女王"双固定翼飞机改造成无人靶机，开启了无人机进入航空史的序幕。随着无人机技术逐渐成熟，制造成本和门槛降低，消费级无人机市场已经形成，因此民用无人机市场也颇有前景，其商业应用主要包括以下几个方面。

||||▷ 物流运输

相较于传统物流，无人机物流优势明显。不同于传统的常见的公路、铁路等运输，无人机的空运能有效避免交通堵塞、规避危险地形，运输更为快捷、高效和安全。尤其是在山区，无人机物流运输比传统物流运输可以节省更多时间和成本。此外，无人机物流运输能减少对人力资源的依赖。

农业植保

相较于传统的农业植保，无人机农业植保单位面积施药液量小，无需专用起降机场，机动性好，植保作业效率更高，植保成本更低，过程更加安全和精准，植保的效果更优良。无人机农业植保包括喷洒农药和播撒种子、巡逻监视、病虫监察等具体应用。

安防救援

无人机安防救援包括边防监控、消防监控、环境保护、刑侦反恐、治安巡逻等具体应用。其在突发救援任务中能有效规避地面障碍，快速准确地到达指定现场，利用热成像仪等高新技术产品把实时信息回传指挥中心，为指挥人员决策提供依据。无人机安防包括建筑外墙巡检、电力巡检、基站巡检、石油管线巡检、河道巡检等具体应用。在日常巡检中，无人机相较于传统人力巡检，具有成本低，灵活性强，安全性高，受自然环境及地形影响较小、视角更优等特点。

地理测绘

无人机可以在抢险、科研、教育、智慧农业、智慧城市、勘察、场景巡检等场景中进行地理测绘，测绘是这些任务中关键的一环。相较于传统人力测绘制作地图通常需要数天甚至几周的时间，无人机能通过抓取镜头数据，以毫秒级的时间生成实时实景地图，具有效率高、成本低、数据精确、操作灵活、侧面信息可用等特点，能满足不同测绘行业人员的需求。

网络直播

无人机给依托于高速网络而诞生的网络直播带来了全新的拍摄视角。伴随着网络技术的日趋成熟，无人机VR直播将会广泛应用于体育赛事、演艺等大型活动、极致体验直播以及广告、新闻、电影等商业活动拍摄中。

民用无人机的相关管理规定

　　根据相关民用无人驾驶航空器管理规定，拥有无人机的个人或单位，需办理实名登记手续。登记信息包括拥有者的姓名（单位名称和法人姓名）、有效证件、移动电话、电子邮箱、产品型号、产品序号和使用目的等。对于无人机制造商，需要在"无人机实名登记系统"中填报其产品的名称、型号、最大起飞重量、空机重量、产品类型和无人机购买者姓名、手机号码等信息。在产品外包装明显位置和产品说明书中，提醒拥有者在"无人机实名登记系统"中进行实名登记，警示不实名登记擅自飞行的危害。

美国农业部海报警告在野火附近飞行无人机的风险

　　在"无人机实名登记系统"中完成信息填报后，系统自动给出包含登记号和二维码的登记标志图片，并发送到登记时留的邮箱。民用无人机拥有者在收到系统给出的包含登记号和二维码的登记标志图片后，必须将其打印为至少2×2厘米的不干胶粘贴牌，贴于无人机不易损伤的地方，且始终清晰可辨，便于查看。

美国国家海洋和大气管理局用于飓风观测的无人机

现代民用飞机

Chapter 2
民航客机

　　民航客机是指体型较大、载客量较多的集体飞行运输工具，常用于来往国内及国际商业航班。民航客机一般由航空公司运营，主要分为干线客机和支线客机。

美国波音 717 民航客机

波音717是波音公司最小型的双发动机喷气式民航客机。

研发历史

　　波音717的前身是美国原麦克唐纳·道格拉斯公司的MD-95飞机（麦道被波音并购前）。1997年，麦道公司被波音公司并购后，波音公司继续实施MD-95计划，并且在1998年将其改名为波音717。1999年9月，波音717正式投入运营服务。2006年最后一架波音717客机出厂，总生产数量为156架。

基本参数	
机长	37.8 米
机高	9 米
翼展	28.47 米
空重	31 674 千克
最高速度	917 千米 / 时
最大航程	3815 千米

夏威夷航空公司的波音 717 民航客机

机体构造

　　波音717主要用于短程高频率的航线，具有许多支线飞机的特性，其结构简单、重量轻，不需要加长跑道和大型空港设备，并自带客梯和货物装卸系统（选装设备），不需要地面支援设备，加油时也不用升降机和梯子。

波音 717 民航客机前侧方特写

电子设备

波音717驾驶舱配备有六组液晶显示器与先进的计算机。安装了III A类仪器自动进场着陆系统，航空公司还可选择III B类自动着陆系统和新型空中导航系统。座舱面板设置一组电子仪器控制系统，两组飞行管理系统，一组故障显示系统与一组全球定位系统。此外，航空公司还可以选购第三类自动进场落地系统。

波音 717 民航客机的驾驶舱

动力装置

波音717配备了两台罗尔斯·罗伊斯BR715发动机，BR715是一种高燃油高效率、高涵道比的涡轮风扇喷气式发动机。

波音 717 民航客机侧方特写

运输能力

　　波音717客舱采用每排5个座位的布局，二级客舱布局时可载客106人。公务舱与经济舱之间的隔板可以移动，使航空公司能很快地对客舱座位进行调整。波音717具有大尺寸的头顶行李箱，座位宽敞，腿部空间较大。

波音 717 民航客机的客舱

10 秒速识

　　虽然波音717主要承袭了DC-9/MD-80的设计特点，但它们最大的不同是波音717配备了线传飞控系统，机身后部两侧安装有2台罗尔斯·罗伊斯BR715发动机。

波音 717 民航客机起飞瞬间

美国波音 727 民航客机

　　波音727是波音公司研制的三发中短程民航客机，投产期间是美国国内航空的主力机种。

研发历史

　　波音公司于1956年2月开始进行方案论证，1959年6月开始设计工作。1964年2月，首架波音727交付使用。1971年，波音727的销量超过了波音707。1974年，第1000架波音727交付使用，因而成为历史上第一种销量突破1000架的喷气式民航客机。1984年，最后一架波音727出厂。

基本参数	
机长	46.7 米
机高	10.3 米
翼展	32.9 米
空重	45 360 千克
最高速度	953 千米 / 时
最大航程	4450 千米

飞行中的波音 727 民航客机

▌▌▌▶ ★ 机体构造

　　波音727的机身沿用了波音707的机身设计，但机身下半部分比波音707深3米。此举除了降低开发成本，也使两种机型有零件共通性，而且拥有比当时其他同级飞机更宽阔的机舱空间。为了方便生产，机身被分为四个部分，生产完成后才运到波音伦顿厂房组装。波音727采用三开缝后缘襟翼，内侧前缘克鲁格襟翼，外侧前缘缝翼，飞机性能得到极大提升。在机尾后方设有一条下放式登机梯，使飞机在上客、落客时可以不用外接登机桥或楼梯车。

波音 727 民航客机的驾驶舱

▐▐▐▶★ 动力装置

　　波音727装有三台普惠JT8D涡轮风扇发动机，以及辅助动力系统，不用外接机场地勤的发电机即可自动为飞机提供所需的电力，包括液压及空调用电。

波音 727 民航客机起飞瞬间

波音 727 民航客机正在降落

运输能力

　　加长机身的波音727拥有比当时其他同级飞机更宽阔的机舱空间，座椅可安排"3+3"的每排6个座位，潜在利润比每排5座位的对手高出12%。受到民航噪音法规影响，部分波音727需装上减音装置才能继续运营，但此装置会增加耗油量。

波音 727 民航客机的客舱

10 秒速识

　　波音727采用T形尾翼，3台普惠JT8D涡轮风扇发动机安装在机身尾部。

飞行中的波音 727 民航客机

美国波音 737 民航客机

　　波音737是波音公司研发的双发中短程喷气式民航客机，堪称民航历史上最成功的窄体民航客机系列。

研发历史

　　波音737飞机在1964年开始建造，于1967年4月原型机首次试飞。第一个型号737-100于1968年2月投入服务。20世纪80年代，波音公司着手研发第二代737飞机。20世纪90年代，波音公司又开始着手第三代737的研制工作。截至2019年12月，波音737获得订单15156架，已交付10 571架。

基本参数	
机长	42.1 米
机高	4.01 米
翼展	35.7 米
空重	44 676 千克
最高速度	876 千米 / 时
最大航程	5925 千米

飞行中的波音 737 民航客机

机体构造

波音737飞机采用常规布局，机身采用铝合金半硬壳式结构，在设计上，最初多采用波音727的部件和零件，以降低其生产成本和价格。与过去的波音飞机不同，波音737在机身蒙皮内胶接有格形加强板，每排连接件处的蒙皮为双层，用以改进机身的抗疲劳特性。设计之初，波音737就已确立只需正、副驾驶两人的驾驶舱操作方式。由于飞机航程较短，巡航速度和高度较小，因此采用大翼载和较小后掠角。起落架采用液压可收放前三点式，应急时可靠重力自行放下。

波音 737 民航客机后侧方特写

动力装置

波音737飞机最初使用涡轮喷气发动机，其中737-100/200使用普惠JT8D发动机，而之后的型号都使用通用电气CFM56发动机。波音737拥有两套独立的液压系统为飞行操纵系统、襟翼、缝翼、起落架、前轮转变和机轮刹车提供动力。两台发动机各带动一台交流发电机。辅助动力装置可在地面和空中紧急情况下驱动发电机供电和为空调系统供压，并可用于起动发动机。

波音 737 民航客机后侧方特写

波音 737 民航客机在高空飞行

运输能力

波音737飞机的结构和系统有60%与波音727相同，甚至厨房和座椅都可以互换，但一排6个座位的布置为波音737独有的优胜之处，波音727飞机一排只能容纳5个座位。波音737的总载客量能够达到215人。

波音 737 民航客机的客舱

10 秒速识

波音737的机翼采用悬臂式中单翼，翼下吊挂两台发动机，尾翼由后掠式垂直尾翼和下置水平尾翼构成。

波音 737 民航客机侧下方特写

美国波音 747 民航客机

　　波音747飞机是波音公司在美国空军主导下推出的大型商用宽体客/货运输机，也是世界上第一款宽体民用飞机。

研发历史

　　20世纪60年代初，美国空军提出战略运输机计划。在竞标中，波音公司输给了洛克希德公司（C-5"银河"）。之后，泛美航空公司希望波音公司能提供一种比波音707大两倍的客机。因此，波音将原来的军用运输机设计加以修改，体积庞大的波音747由此而诞生。自1970年投入服务后，到空中客车A380

基本参数	
机长	76.4 米
机高	19.4 米
翼展	68.5 米
空重	185 972 千克
最高速度	988 千米 / 时
最大航程	15 000 千米

投入服务之前，波音747保持全世界载客量最高飞机的纪录长达37年。

波音 747 民航客机侧方特写

机体构造

　　波音747是一种双层、宽体、双通道、四发动机的飞机,采用普通半硬壳式结构,由铝合金蒙皮、纵向加强件和圆形隔框组成。破损安全结构采用铆接、螺接和铰接工艺。起落架为五支柱液压收放起落架。两轮前起落架向前收起,4个四轮小车式主起落架:两个并列在机身下靠机翼前缘处,另外两个装在机翼根部下面。

波音 747 民航客机在高空飞行

||||➤ ★ 动力装置

　　波音747的动力装置为4台涡轮风扇喷气式发动机。由发动机带动4台交流发电机为飞机供电，辅助动力装置带发电机。波音747具备四套独立液压系统，还有1台备用交流电液压泵。

波音 747 民航客机前下方特写

波音 747 民航客机在高空飞行

▶ 运输能力

波音747飞机采用双层客舱的布局方案，驾驶室位于上层前方，之后是较短的上层客舱。驾驶舱有两个观察员座椅，公务舱在上层客舱，头等舱在主客舱前部，中部设有公务舱，经济舱在后部。三级座舱设计(即经济，商务和头等舱)的载客量达到416人，而双级舱设计的载客量则高达524人。

波音747民航客机的下层客舱

▶ 10秒速识

波音747飞机采用悬臂式下单翼，每侧机翼前缘有前缘襟翼，机翼前缘靠翼根处有3段克鲁格襟翼。尾翼采用悬臂式铝合金双路传力破损安全结构，全自动水平尾翼。

波音747民航客机起飞瞬间

美国波音 757 民航客机

波音757飞机是波音公司研发的一款中型单通道窄体民航客机，主要用于替换波音727。

研发历史

20世纪70年代石油价格猛涨，航空公司迫切需要一种低油耗的新型民航客机。为此，波音公司决定研制200座级的波音757飞机用以取代波音727、部分波音707。波音757计划于1979年3月正式启动，1983年投入服务。截至2020年，大部分波音757仍在使用。

基本参数	
机长	47.32 米
机高	13.56 米
翼展	38.05 米
空重	59 350 千克
最高速度	870 千米 / 时
最大航程	7275 千米

波音 757 民航客机前侧方特写

机体构造

　　波音757飞机是波音公司生产的200座级单通道双发窄体中程民航客机。其以波音727的机身为基础，为全金属半硬壳式破损安全结构，保留了卵形机身横截面，该截面形状由两段不同直径的圆弧组成。机头经过重新设计，采用单曲面驾驶舱风挡，减少了阻力和噪声。机身加长的是中段直径不变的部分，因而未增加很大阻力。主起落架为4轮小车式，前起落架为双轮式。

波音757民航客机侧方特写

电子设备

　　波音757驾驶舱采用技术领先的数字式电子设备和先进的显示装置，相对于老式的机械电子式仪表来，极大地提高了可靠性。机长和副机长每人都有一对主飞行仪表系统的电子显示装置。电子指引地平仪指示器显示出飞机的姿态和自动驾驶仪导引标志，电子水平状态指示器显示的是有关导航设备、机场及计划中的飞机航路的示意图，而且还可以在这些地面特征上面显示气象雷达的图像。部分波音757还装有风切变探测系统，可以提醒飞行机组并提供飞行路径指导，以对付风切变对正常起飞和降落产生的影响。

波音 757 民航客机的驾驶舱

动力装置

波音757采用双发动机（罗尔斯·罗伊斯RB211或普惠PW2000），发动机拥有大直径的风扇，可以更有效地驱动热核心机外侧及周围的空气，在降低噪声的同时提高了效率。

波音 757 民航客机起飞瞬间

运输能力

波音757拥有窄体客机中最大的航程，在满载200名乘客的情况下航程可超过7200千米，其载客量比727多50位，更有经济效益。该机的性能非常优异，因其较快的爬升速度而不时被称为"火箭飞机"，在最大起飞重量相同的前提下，波音757能比其他商业客机可以在较短的时间内爬升至13700米。不过，波音757必须有75%或以上的载客率，才可以使航班盈利，这种特性使其只能使用于高密度航线。

波音 757 民航客机的客舱

10 秒速识

波音757飞机机翼采用悬臂式下单翼，机翼大梁横穿机身，平尾为普通轻合金抗扭盒形结构，垂尾为三梁双室抗扭盒形结构。机翼两侧分别装有发动机。

美国波音 767 民航客机

波音767是波音公司研发的一款双发动机中型宽体喷气式民航客机。

研发历史

基本参数	
机长	61.4 米
机高	5.41 米
翼展	51.82 米
空重	103 872 千克
最高速度	913 千米／时
最大航程	10 415 千米

　　1978年2月，波音公司宣布启动波音767研制计划。1979年年初，开始全面设计研制工作。1982年，第一架波音767由联合航空公司投入使用，初期主要用于美国国内航线飞行。1985年，波音767成为第一架获得跨洋飞行许可的双发动机客机，此后多用于不间断的中远途洲际航线。在20世纪90年代，波音767成为最常见的跨大西洋航线客机。

波音 767 民航客机后侧方特写

▐▐▐▷ ★ 机体构造

波音767是波音第一架带有玻璃荧幕座舱的宽体双发动机客机，也是首次采用双人驾驶的宽体飞机。波音767与窄体客机波音757在同一时期研发，两者有很多相似之处。由于波音767的机体内部直径只有4.7米，在宽体客机中最窄，因此舒适度不如空中客车A330。波音767机身大量采用铝合金材质建造，双轮前起落架向前收起，主起落架为四轮小车式，向内收起。

波音 767 民航客机起飞瞬间

▐▐▐▷ 电子设备

波音767的机载设备采用自动飞行状态调节控制系统、发动机数据显示器和警告系统，发动机的全部数据完全以数字化显示。此外，还配有数字式飞行管理系统，包括FCS-700飞行控制系统、EFIS-700电子飞行仪表系统和RMI-743无线电磁显示器。选装设备包括波音的风切变探测和导引系统。

波音 767 民航客机的驾驶舱

动力装置

波音767飞机使用两台高涵道比涡轮风扇发动机，辅助动力装置驱动1台90千伏安交流发电机，用于地面和空中应急供电。三套液压系统由发动机引气驱动液压泵供压。

波音 767 民航客机侧下方特写

运输能力

波音767飞机的机舱采用双过道设计，公务舱安排6个座位，经济舱7个座位。经济舱标准的"2+3+2"座位布局中87%的座位都紧邻舷窗或过道，所有座位和过道之间都不超过一个座椅。波音767机舱最多可以容纳8列座椅，但会使机舱显得异常狭窄，因而极少采用。但是波音767的货舱容积较小，只能容纳窄体机惯用的LD2集装箱。

波音 767 民航客机的客舱

波音767飞机机翼采用悬臂式下单翼,尾翼采用悬臂式破损安全铝合金和铝合金蜂窝结构。机翼下前伸吊挂2台高涵道比涡轮风扇发动机。每侧机翼和中央翼内各有1个整体油箱。

波音 767 民航客机前侧方特写

美国波音 777 民航客机

波音777是波音公司研发的一款双发动机中远程宽体客机，目前是全球最大的双发动机宽体客机之一。

基本参数	
机长	73.9 米
机高	18.5 米
翼展	60.9 米
空重	160 120 千克
最高速度	945 千米 / 时
最大航程	7038 千米

研发历史

波音公司投入了大量资源开发波音777，为继747之后波音公司历史上的第二次豪赌。该机于1990年10月开始研制，1994年6月12日第一架波音777首次试飞，成为民用航空历史上最大的双发喷气式飞机。1995年5月17日，首架波音777交付使用。2012年3月，第1000架波音777交付阿联酋航空公司运营。

波音 777 民航客机在高空飞行

机体构造

波音777是波音公司首款使用复合材料制造的飞机，机体约有10%为复合材料。其机翼在所有亚音速商业飞机中最符合空气动力学原理，机翼在改进波音757和767设计的基础上，增加了机翼的长度及厚度，翼展加大到60.9米，优化了机翼的性能。波音777拥有6个机轮的主起落架系统，六轮式设计使机身可以获得更好的稳定性。所用的双轮式前轮起落架目前是世界上最大的飞机起落架，可以有效地控制两组六轮的机轮。

波音 777 民航客机侧方特写

电子设备

波音777飞机采用了全数字式电传飞行控制系统、软件控制的飞行电子控制器、液晶显示飞行仪表板、光纤飞行电子网络等多项新技术。为了对抗空中客车公司与麦道公司，波音777飞机增设了线传飞控技术，成为首款使用线传飞行控制技术的波音商用飞机。波音777是波音飞机中第一个把增强型近地告警系统（EGPWS）作为标准设备而不是选装设备的机型。

波音 777 民航客机的驾驶舱

动力装置

　　波音777采用三种效率更高、噪声更小的涡轮风扇发动机，选用了普惠PW4000、通用电气GE90以及罗尔斯·罗伊斯Trent 800系列发动机。波音777有两台发电机，除了辅助电力系统外，还有1台靠辅助动力装置驱动的发电机。

波音 777 民航客机侧方特写

▶ 运输能力

波音777采用双过道客舱，每排6~10座。客舱地板下为货舱，分为前舱、后舱，空间可装载LD1~LD6以及LD10和LD11集装箱，也可装载2.44米×2.44米的货盘，货舱可容纳14个LD-3货柜。部分波音777在机舱上部设置有机舱服务员休息区，飞行员也有独立的休息区，其载客量能够达到368人。

波音 777 民航客机的客舱

▶ 10 秒速识

波音777飞机具有完全圆形的机身横切面，采用悬臂式下单翼，机翼厚度大，部分机型加装了斜削式翼梢小翼，尾翼呈刀形。

波音 777 民航客机前方特写

美国波音 787 民航客机

波音787是波音公司研发的一款双发动机中远程宽体客机。

研发历史

波音787项目在2004年4月正式启动，经过多次延期后于2009年12月15日成功试飞。2011年9月27日，波音787交付使用。2013年1月16日，由于连续出现安全故障，波音787暂时停飞。在波音公司修改了电池设计之后，于2013年4月25日恢复飞行。

基本参数	
机长	63 米
机高	16.92 米
翼展	60 米
空重	115 000 千克
最高速度	945 千米 / 时
最大航程	15 750 千米

波音 787 民航客机后侧方特写

机体构造

　　波音787是世界航空史上首架超长程中型客机，该机打破了以往一般大型客机与长程客机挂钩的惯例。波音787拥有多项技术创新，其中最引人注目的是其机体结构的一半左右都采用更轻、更坚固的碳纤维合成材料来代替铝合金，是第一款以碳纤维合成物为主体材料的民用喷气式客机。波音787采用超临界机翼设计。超临界机翼的好处在于在高次音速时有较好的气动力效率，可以减少燃料的消耗并增强飞机的某些性能，如飞行距离等。波音787还装备了垂直阵风抑制系统，能感知湍流并指挥机翼操纵面应对湍流，从而大幅提高飞行的平稳性。

波音 787 民航客机在高空飞行

电子设备

　　波音787驾驶舱仅装备了13个航线可更换组件（LRU），零部件及其成本仅相当于波音777和747的一半。其驾驶舱装配了一整套导航与无线电通信设备及航空电子设备，标准配置包括双平视显示器（HUD）、多功能平板显示器、双电子飞行包以及一个电子检查表。

波音 787 民航客机的驾驶舱

▌▌▌▌▶ ★ 动力装置

　　波音787的动力装置分别为通用电气的GEnx-1B发动机及罗尔斯·罗伊斯的Trent 1000发动机。不同厂商的波音787发动机皆有相同的标准界面，因此航空公司可把飞机的发动机互换，不存在不相容的问题。

波音 787 民航客机侧方特写

▌▌▌▌▶ ★ 运输能力

　　波音787系列属于200座～300座级客机，航程随型号不同可飞行6500～16000千米。技术和设计上的突破，使中型尺寸的波音787具有在同座级的飞机中无与伦比的航程能力与英里成本经济性。波音787能够以0.85

倍音速飞行，这也使其点对点远程不经停直飞能力得以更好地体现，从而能在450多个城市之间执行点到点直飞任务。

▌▌▌▌★▷　**10 秒速识**

　　波音787机身截面形状采用双圆弧形，机翼采用超临界机翼，具有流线型机鼻与鲨鱼鳍式翼尖、小翼与尾翼。机身中部两侧机翼分别安装有1台发动机。

波音 787 民航客机的客舱

飞行中的波音 787 民航客机

美国 DC-8 民航客机

　　DC-8飞机是道格拉斯公司研制的四发动机喷气式客机，也是民航历史上第一代喷气式客机。

研发历史

　　DC-8于1955年6月开始设计，1958年5月30日首飞，1959年9月交付使用。DC-8于1972年停产，被更大的DC-10所取代。由于DC-8可运载的货物量较波音707稍多，目前仍有数十架更换发动机后的DC-8在使用，而波音707则在2000年左右停止了商业运营。

基本参数	
机长	57.12 米
机高	12.92 米
翼展	45.23 米
空重	70 000 千克
最高速度	965 千米／时
最大航程	10 000 千米

DC-8 民航客机前方特写

▮▮▮▷ 机体构造

早期的DC-8飞机设计了5种不同的型号，各型号的外形尺寸、气动特点和主要系统基本相同，主要区别是选用了不同的发动机。其中DC-8远程型，燃油量加大，加强了机翼、后机身、尾翼和起落架。20世纪60年代中期，陆续发展出了几种改变机体结构的DC-8客机系列。

DC-8民航客机侧下方特写

▮▮▮▷ 动力装置

DC-8-10是国内航线型飞机，安装有4台JT3C-6涡轮喷气式发动机，单台推力60千牛；DC-8-20安装有4台JT4A-3涡轮喷气式发动机，单台推力70.28千牛；DC-8-30安装有4台JT4A-9涡轮喷气式发动机，单台推力77.9千牛；DC-8-40采用4台罗尔斯·罗伊斯康威型涡轮风扇发动机，单台推力77.9千牛；DC-8-50安装有4台JT3D-1涡轮风扇发动机，单台推力75.69千牛；DC-8-60系列安装有4台JT3D涡轮风扇发动机，单台推力84.5千牛；DC-8-70系列安装有4台CFM56或JT3D涡扇发动机，单台推力100千牛。

DC-8 民航客机起飞瞬间

运输能力

　　DC-8投入运营要晚于波音707，但DC-8客舱更宽大，并可以不经中转横跨大西洋飞行。由于DC-8可运载比波音707更多的货物量，目前仍有数十架在更换发动机后的DC-8在使用。

DC-8 民航客机在高空飞行

DC-8 民航客机的客舱

||||> **10 秒速识**

　　DC-8机身细窄而长，采用后掠式下单翼，翼下吊挂4台发动机，具有后掠式垂直尾翼和下置水平尾翼。

机身窄长的 DC-8 民航客机大侧方特写

美国 DC-10 民航客机

DC-10是美国麦道公司研制的一款远程三引擎中宽体民航客机。

研发历史

DC-10是道格拉斯公司和麦克唐纳公司合并后开发的第一款商用飞机。第一架原型机于1970年7月出厂，1970年8月29日首次试飞，1971年7月29日获美国联邦航空局适航证，之后交付美国航空公司，1971年8月5日首次投入运营。DC-10于1989年停产，各型号共获订单386架，最后一架DC-10于1989年交付使用。

基本参数	
机长	55.5 米
机高	17.53 米
翼展	50.4 米
空重	122 567 千克
最高速度	1004 千米 / 时
最大航程	9252 千米

飞行中的 DC-10 民航客机

机体构造

DC-10采用铝合金半硬壳式破损安全结构，圆形截面机身。机翼为悬臂式破损安全结构全金属下单翼。横向操纵由外侧低速副翼、内侧全速副翼和每侧机翼上的5块扰流片来完成。低速副翼只用于起飞和着陆。扰流片除用于横向操纵外，还可用于减速和直接升力控制。各操纵面的协同动作由程序控制器控制。由于垂直尾翼根部安装了

DC-10 民航客机后侧方特写

发动机，方向舵的效率受到影响。采用双铰链后缘方向舵，方向舵的后缘有一可偏转的铰接段，当舵面偏转时，舵面后缘铰接段还可相对于舵面偏转，增加舵面弯度，提高效率。主起落架为4轮小车式，向内收入机身，机身中心线处还有1个两轮式主起落架，向前收入机身。

电子设备

DC-10除装有一般仪表、导航和通信设备外，还有中央大气数据计算机和气象雷达，自动着陆系统和一套复式自动着陆防护系统。这些设备可以保证飞机在ⅢA类气象条件下自动进场和着陆。部分型号还装有3套符合ARINC571技术标准的惯性导航系统，也可选装复式区域导航系统。

DC-10民航客机驾驶舱

动力装置

DC-10的基本型号采用3台通用电气CF6-6D发动机，3台发动机各驱动一套相互独立的液压系统。辅助动力装置可提供地面电源和冷气电源，还包括主发动机起动和提供飞行中的辅助电源。此外，3台发动机还驱动3台交流发电机。直流电由变压器供给，另配有蓄电池组。

运输能力

DC-10采用3人制驾驶舱，客舱混合级布局载客255～270人，全经济级布局载客380人。DC-10的载客量相比波音747较少，航程与之相近，既可以执飞横跨美国本土的飞行任务，又可飞国际航线。凭借其三发动机在最大起飞重量方面的优势，部分DC-10还被改装成全货机。

DC-10民航客机正在起飞

DC-10民航客机的客舱

⫸ 10 秒速识

　　DC-10每侧机翼前缘有全翼展缝翼，从翼根至75%半翼展处的后缘装有后退式双缝襟翼。机翼上有4个整体油箱，还有1个辅助油箱。

DC-10民航客机侧方特写

美国 MD-80 民航客机

MD-80系列客机是麦克唐纳·道格拉斯公司在DC-9-50基础上发展起来的双发动机中短程客机。

研发历史

MD-80是麦克唐纳·道格拉斯公司为了满足航空公司对更大载客量的中短程客机需要而研制的。该机于1977年10月开始研发，1979年10月18日首次试飞，1980年10月10日由瑞士航空率先投入运营。该机最初被认证为DC-9系列，后在

基本参数	
机长	45.01 米
机高	9.05 米
翼展	32.8 米
空重	35 400 千克
最高速度	811 千米/时
最大航程	3800 千米

1983年7月改为MD-80。2012年9月，MD-80的货机版本出现，由退出运营的MD-80客机改装而成。目前，美国航空和达美航空仍在大量使用MD-80系列。

MD-80 民航客机上方视角

机体构造

MD-80的每个机翼在翼根和翼尖处各加长一段，其翼展比DC-9-50长28%，机翼前机身加长3.68米，机翼后机身加长0.48米。由于机翼加长，机翼内整体油箱燃油量有所增加。襟翼无级调节系统可以使襟翼控制在更精确的位置上，以保证飞机具有更好的起飞着陆性能。MD-80系列的主要型号包括MD-81、MD-82、MD-83、MD-87和MD-88，除机身较短的MD-87外，其余型号的机身长度都相同。MD-80在驾驶舱、航空电子以及空气动力学方面都作出了改进，航程也在早期DC-9的基础上有所增加。

MD-80 民航客机在高空飞行

电子设备

MD-80采用新式先进数字电子综合飞行导引和操纵系统。霍尼韦尔公司专门为MD-80系列研制了电子飞行仪表系统，该系统可以将平视显示和飞行管理系统结合在一起，从而代替了原来简单的机电式飞行仪表。

MD-80 民航客机驾驶舱

动力装置

MD-80民航客机安装有2台普惠JT8D涡轮发动机，与DC-9-50相比，其辅助动力装置功率更大。

MD-80 民航客机前侧方特写

运输能力

MD-80系列比DC-9-50拥有更长的机身，可装载更多燃料并增加载重量，专为接载140~170名乘客，以及提供短途或频繁的旅行而设计。

MD-80 民航客机客舱

　　MD-80采用后掠式下单翼，后部机身安装有2台发动机，具有后掠式T
形垂直尾翼和水平尾翼。

MD-80 民航客机前侧方特写

美国 L-1011 "三星" 民航客机

L-1011 "三星" 是洛克希德公司研发的一款三发动机中长程宽体客机。

研发历史

L-1011 "三星" 是继波音747和麦道DC-10后，第三款投入商业运营的宽体喷气式客机，也是洛克希德公司唯一一款喷气式民航客机。该机于1970年11月17日首飞，1972年4月26日交付使用。在1968年到1984年间，洛克希德公司生产了250架 "三星" 客机，之后因销售不畅未能收回成本，就宣告停止了自身的商用飞机业务。

基本参数	
机长	54.15 米
机高	16.87 米
翼展	47.34 米
空重	105 052 千克
最高速度	871 千米 / 时
最大航程	7419 千米

L-1011 "三星" 民航客机侧方特写

▌▌▌▌▶★ 机体构造

L-1011在组装机身时采用了一套特殊的高压焊接工艺，使机体具备了非常强的抗腐蚀能力。交付给太平洋西南航空的2架L-1011安装了内置式登机梯，乘客可以从原来的前方行李舱位置进出飞机，这使飞机可以在没有登机桥的停机坪上下旅客。这2架飞机后来被转卖给了秘鲁航空公司和加拿大航空公司。

高空飞行的L-1011"三星"民航客机

▌▌▌▌▶★ 电子设备

L-1011拥有高度自动化的自动驾驶系统，并且是第一种具有美国联邦航空局自动着陆资质认可的宽体式客机，可以由机载自动驾驶系统进行零能见度下的完全自动化降落。L-1011使用一套惯性导航系统以获得相关的导航资料，且可以通过输入所在地的经度和纬度对系统进行校准。

L-1011"三星"民航客机驾驶舱

▎▎▎▎▷ ★ 动力装置

L-1011飞机采用2台罗尔斯·罗伊斯RB211-22发动机，早期型号发动机舱的进气口呈圆形，而后期型号在发动机进气口和机身顶部之间添加了一个垂直的鳍形结构。

正在起飞的 L-1011 "三星" 民航客机

▎▎▎▎▷ ★ 运输能力

为了增加客舱空间，L-1011的厨房安装在机身中间的行李舱位置，有效提升了机舱使用空间，使厨房的空间比其他同类型飞机更大。

L-1011 "三星" 民航客机的客舱

▎▎▎▎▷ ★ 10秒速识

L-1011飞机呈宽体机身，采用后掠式下单翼，3台发动机中有2台安装在翼下，1台安装在后掠式垂直尾翼根部并与垂直尾翼整合在一起。该机采用后掠式下置水平尾翼。

L-1011"三星"民航客机侧方特写

 ## 俄罗斯伊尔 -96 民航客机

伊尔-96是伊留申设计局研发的一款四发远程宽体客机。

研发历史

第一架伊尔-96原型机在1988年9月28日首飞。1993年，伊尔-96投入商业运营。由于苏联解体后伊留申设计局资金出现问题，伊尔-96交货缓慢，发展受阻。伊尔-96有三种不同的型号，即伊尔-96-300、伊尔-96M/T、伊尔-96-400。

基本参数	
机长	63.94 米
机高	15.7 米
翼展	60.11 米
空重	122 300 千克
最高速度	870 千米 / 时
最大航程	12 000 千米

正在起飞的伊尔 -96 民航客机

机体构造

伊尔-96采用普通半硬壳式轻铝合金圆形截面结构，主驾驶舱和地板下货舱的地板为蜂窝结构。有1个前起落架和3个主起落架。双轮式前起落架向前收起，3个四轮小车式主起落架，2个向后收入翼根/机身整流罩内，第3个主起落架装在机身下中部，位置比其他两个主起落架稍靠后，可自身旋转20°向前收入机身腹部。

伊尔 -96 民航客机在高空飞行

电子设备

伊尔-96所使用的飞行控制装置全部由三余度的电传操纵系统操作。驾驶舱内保留有常规的备用仪表，但主要飞行信息由复式双屏幕彩色阴极射线管、卫星导航系统和其他传感器提供。三余度飞行控制和飞行管理系统以及平视显示器，允许在国际民航组织第Ⅲ A类最低条件下全自动进场着陆。复式发动机和系统监控及故障告警系统能够将飞行中的信息反馈给飞行工程师工作站和地面的监控人员。另一个电子系统可以自动提供实时重量和重心状态数据。

伊尔-96 民航客机的驾驶舱

动力装置

伊尔-96装有4台索洛维耶夫PS-90A高涵道比涡轮风扇发动机，放置在机翼前缘的发动机吊舱内。机翼整体油箱总燃油容量152620升。尾锥内装置有辅助动力装置。

伊尔 -96 民航客机前方特写

运输能力

　　伊尔-96客舱可载客300人。每排9座。三级混合型客舱布局载客235人。下层舱设有一个前货舱，可放置6个LD3集装箱，机翼后的中货舱可放置10个LD3集装箱或货盘。其最大航程达12000千米，可以直飞从莫斯科到美国西海岸的航线，并可与空中客车A340、波音777等同级别客机进行竞争。

伊尔 -96 民航客机的客舱

▌▌▌▌★ **10 秒速识**

伊尔-96采用悬臂式下单翼，带有翼梢小翼，尾翼采用普通后掠悬臂式结构，平尾带有上反角。

伊尔 -96 民航客机正在起飞

俄罗斯伊尔 -114 民航客机

伊尔-114是由伊留申设计局设计的一款涡桨短程民航客机。

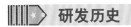 研发历史

伊尔-114最早于1982年8月开始研制，1986年完成设计，首架原型机于1990年3月29日首飞。1992年开始批量生产，1992年8月7日首架生产型飞机进行首飞，1997年4月26日取得俄罗斯适航认证。1998年8月27日开始商业飞行。

基本参数	
机长	26.88 米
机高	9.19 米
翼展	30 米
空重	15 000 千克
最高速度	500 千米 / 时
最大航程	1000 千米

伊尔 -114 民航客机正在起飞

机体构造

伊尔-114机身采用铝合金半硬壳式结构，其中10%为复合材料制造。机翼为常规悬臂式下单翼，双梁由铝锂合金制造。机翼后缘为副翼和液压操作的双缝后缘襟翼。尾翼采用悬臂式全金属结构。起落架为液压收放前三点式，每个起落架均为双轮。3个起落架全部向前收起，可靠重力应急放下。

伊尔 -114 民航客机前侧方特写

电子设备

伊尔-114采用全自动或人工操作的数字式航空电子设备，其功能包括在限定的气候条件下全自动进场和着陆。两个彩色阴极射线管，为驾驶员提供飞行和导航信息。中央安装的阴极射线管为发动机和各系统提供数据。

伊尔-114 民航客机驾驶舱

动力装置

伊尔-114采用2台克里莫夫TV7-117涡轮螺桨发动机，驱动一副CB-34低噪声六叶片碳纤维增强的复合材料螺旋桨。机翼配有整体油箱，总燃油量为8125升，尾锥内有辅助动力装置。两套独立的液压系统，用于起落架收放、机轮刹车、前轮转弯操纵和襟翼收放。

伊尔-114 民航客机后方特写

运输能力

伊尔-114主客舱可载客60名。若内部布局调整可增至65座，若机身加长可达70～75座。乘客登机舱门在前机身左侧，另一舱门在后机身左侧。厨房、行李舱和厕所在机身后部，服务舱门在右侧。在每个机翼上方都有III类应急出口。

伊尔-114 民航客机客舱

▶ **10 秒速识**

伊尔-114飞机为圆形截面机身，机翼中段略有上反角，机翼外侧上反角增大。垂尾和方向舵稍向后掠。

伊尔-114 民航客机侧方特写

俄罗斯图 -144 民航客机

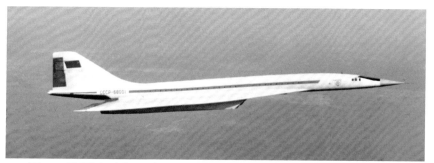

　　图-144是图波列夫设计局和苏联航空工业部共同研制的超音速客机，也是世界上最先首飞的超音速民航客机。

▶ 研发历史

　　图-144飞机在1962年由图波列夫设计局和苏联航空工业部研制，1968年12月31日原型机首次试飞，比"协和"式试飞早两个月。图-144于1975年12月26日交付使用，提供货运及邮政服务，来往俄罗斯莫斯科与哈萨克斯坦的阿拉木图之间。1977年11月，开始提供载客服务。

基本参数	
机长	65.5 米
机高	12.5 米
翼展	28.8 米
空重	99 200 千克
最高速度	2120 千米 / 时
最大航程	6500 千米

图 -144 民航客机后侧方特写

机体构造

图-144飞机采用3人制驾驶舱设计，机头部分在俯仰方向上由液压装置驱动折转，可下垂的机头保证驾驶员在大迎角起降时有良好的视野。其生产型机身加长加宽，起落架和发动机短舱经过重新设计，机头两侧增加了可伸缩前翼，降落时伸出，可降低进场速度，并使飞机降落更为平稳舒适。主起落架由两组八轮结构组成。

图-144 民航客机前下方特写

动力装置

图-144飞机使用4台NK-144涡轮风扇发动机，图-144D使用推力更大的RD-36-51发动机，比NK-144更省油，在超音速飞行时无须使用加力燃烧室，续航距离更长。

图-144 民航客机前侧方特写

正在起飞的图 -144 民航客机

运输能力

图-144飞机由于技术和经济性方面存在问题，在研制过程中还发生了两起重大事故，极大地影响并限制了它的应用与发展，它只在极少的航线进行了少量的民用航班运营，到1984年就彻底停止了商业运行。

图 -144 民航客机客舱

10 秒速识

图-144飞机的机头两侧安装有细条状的鸭翼，采用双三角翼形，发动机紧贴机身。

图 -144 民航客机前侧方特写

 俄罗斯图 -154 民航客机

图-154是俄罗斯图波列夫设计局研发的三发动机中程客机。

研发历史

图-154飞机于1966年开始设计，1968年10月14日首次试飞。1971年5月开始进行邮件和货物运输，7月投入莫斯科—第比利斯之间航线客运飞行。1972年2月9日开始莫斯科—北高加索矿水城的航线飞行，同年8月1日，开始莫斯科—布拉格的国际航线飞行。2013年停产后被图-204所取代。

基本参数	
机长	48 米
机高	11.4 米
翼展	37.55 米
空重	55 300 千克
最高速度	950 千米/时
最大航程	6600 千米

图 -154 民航客机正在起飞

机体构造

图-154飞机机身采用全金属半硬壳式结构，除机头雷达罩内和装有辅助动力装置的尾锥为非增压舱外，其余各舱均为气密增压舱。机翼为悬臂式下单翼，普通全金属三梁破损安全结构。每侧机翼有4片扰流板，机翼内侧的两片扰流板可作为减速和卸升装置。外段副翼提供横向操纵，内段副翼在飞行中可作为减速板。尾翼全部操纵面均为液压操纵。垂尾、平尾前缘均为发动机引气防冰。起落架为液压可收放前三点式。前起落架向前收入机身，主起落架向后收入机翼后缘整流罩内。

图 -154 民航客机前侧方特写

电子设备

　　图-154飞机装有自动飞行控制系统和惯性导航系统；无线电导航系统可测定相对地面导航台距离和航向；多普勒雷达系统可修正偏航角度和对地速度；活动地图显示器可记录惯性导航系统和无线电导航系统的数据；数字/模拟混合型计算机可以综合来自飞机大气数据传感器和导航设备的数据，提供给自动飞行控制系统使用。应答器可提供本机速度、高度以及对地面雷达的识别。另外还配备了3套迎角传感器、PB-5无线电高度表、APK-15型无线电罗盘、短波和超短波通信电台以及装在机头罩内的气象雷达。

图 -154 民航客机驾驶舱

动力装置

图-154飞机采用3台库兹涅佐夫NK-8-2涡轮风扇发动机，其中2台悬挂在机身尾部两侧，中间1台位于机尾，其进气道弯曲延伸至垂直尾翼根部。每个发动机短舱内都有灭火系统，辅助动力装置带动一台直流发电机或交流发电机，作为应急电源系统。燃油全部储存在机翼的6个整体油箱内，为调节各油箱的燃油量，各油箱都同集油油箱相连，在应急强迫着陆情况下，可用二氧化碳气体迅速冲放掉油箱中的燃油。

图-154 民航客机准备降落

运输能力

图-154飞机结构稳固，推重比较好，起飞表现良好，能从凹凸不平的跑道上起飞，拥有14个大型低压轮胎使其能在积雪或未平整的跑道上降落。客舱标准布局为每排6座，前舱54座，后舱104座，共158座。最新型图-154M座位增加到175个。该机共有4个客舱门和4个应急出口。货舱为增压舱，前后两个舱门，并有货物装卸设备。

图 -154 民航客机的客舱

10 秒速识

　　图-154为普通圆截面机身，机翼中梁向左右两侧延伸至副翼内端，三缝式襟翼，T形尾翼。

高空飞行的图 -154 民航客机

俄罗斯图 -204 民航客机

图-204是俄罗斯图波列夫设计局研发的一款双发中程民航客机。

研发历史

图-204的设计最早始于1983年，1985年图波列夫设计局进行详细设计，首架原型机于1989年1月首飞，1990年开始正式生产。1993年5月交付使用，初始交付只有货运型，1995年1月12日取得适航证，1996年2月23日交付首架客运型。

基本参数	
机长	46.14 米
机高	13.9 米
翼展	41.8 米
空重	59 000 千克
最高速度	900 千米 / 时
最大航程	4500 千米

图 -204 民航客机前侧方特写

机体构造

图-204的机身制造上广泛使用了最新的轻质铝合金和复合材料，通过使用经铣削加工的大尺寸金属蒙皮，最大限度地减小了机身蒙皮接缝，机翼更是完全没有蒙皮接缝，进一步减少了阻力和结构重量。机翼是与莫斯科中央流体力学研究院合作研制的，采用超临界翼型来降低巡航阻力。机翼翼尖、发动机挂架和翼身连接点也经过气动优化，机身天线、传感器、空速管和其他突出部分都被减到最小，并且外形也进行优化以改善空气动力学性能。起落架为液压可收放前三点式起落架。双轮式前起落架向前收入机身，四轮小车式主起落架向内收入机翼/机身整流罩内。

图 -204 民航客机正在起飞

电子设备

图-204配备的电子飞行仪表系统有两套彩色阴极射线管以供驾驶员飞行和导航使用，另两个中央阴极射线管供发动机和系统数据使用。其他设备包括在国际民航组织ⅢA类最低允许条件下使用的三余度自动飞行控制、自动进场和自动着陆系统，另外，还有甚高频和高频无线电台、惯性导航系统和卫星导航系统等。

图 -204 民航客机的驾驶舱

动力装置

图-204采用2台罗尔斯·罗伊斯RB211-535高涵道比涡扇发动机，6个整体油箱分别位于机翼内、机身中段、邻近行李舱处、尾翼内。电源由2台交流发电机和一个直流电系统提供。

图 -204 民航客机后侧方特写

运输能力

图-204有多种型号，其中图-204-200系列两级客舱布局184座；单级客舱布局200座；高密度客舱布局212座。图-204-300中、短程型载客166人；远程型载客99人。前舱和后舱的客舱门设在机身左侧，服务间门设在右侧。机身两侧机翼的前后都设有应急出口。图-204-200客舱地板下有两个行李/货舱，总共可容纳8个标准LD3集装箱。配备有货物自动装卸系统，并装备有人工装卸系统。

图 -204 民航客机的客舱

10 秒速识

图-204客机机身为椭圆形，全金属结构下单翼，带有上反角并采用负扭转，翼尖带有翼梢小翼。

图 -204 民航客机侧方特写

俄罗斯 SSJ-100 民航客机

SSJ-100是由俄罗斯苏霍伊航空集团的子公司——苏霍伊民用飞机公司研发并生产的支线客机。

研发历史

SSJ-100最初被命名为RRJ，该机从一开始就把目标瞄准了出口市场。为此，领导这个项目的苏霍伊公司在波音公司的帮助下在研制和生产中引进了许多西方管理理念。SSJ项目的技术人员主要来自苏霍伊、伊留申和图波列夫设计局。

基本参数	
机长	29.94 米
机高	10.28 米
翼展	27.8 米
空重	25 100 千克
最高速度	828 千米 / 时
最大航程	4578 千米

SSJ-100 民航客机侧方特写

SSJ-100 民航客机在高空飞行

动力装置

　　SSJ-100安装了由法国斯奈克玛公司和俄罗斯土星研究局联合研制的SaM146发动机，该发动机单台推力可达71.6千牛。

SSJ-100 民航客机在海上飞行

SSJ-100 民航客机后侧方特写

||||》 运输能力

　　SSJ-100客机95座基本型的售价约为2800万美元，比一些国外同类机型的价格低15%左右。该机可分为基本型和远程型，有60座、75座和95座的布局，其中95座基本型的设计航程为4590千米。

SSJ-100 民航客机的客舱

10 秒速识

SSJ-100客机采用后掠翼设计，机身两侧机翼下挂各1台发动机。

SSJ-100 民航客机上方视角

乌克兰 / 俄罗斯安 -148 民航客机

安-148飞机是由安东诺夫联合俄罗斯和乌克兰的众多航空企业共同研制的一款支线客机。

研发历史

安-148于2002年初开始制造工作，首架原型机于2004年9月25日出厂，2004年12月7日试飞，2009年6月2日进行了首次商业飞行。根据不同支线飞机用户的需要，安-148也可以改变为客运型、公务型、货运型、客货混合型、特殊用途型（紧急救护、空中监视等）。

安 -148 民航客机侧方特写

机体构造

安-148的结构与安-74飞机相似，研制、设计过程都使用了计算机信息技术工艺和3级设计等先进技术。采用上单翼设计，主起落架在飞行时旋转到机腹，部分起落架舱门覆盖起落架支架，轮胎暴露在外。内置入口楼梯可以在没有额外地面设备的条件下登机/下机。

基本参数	
机长	30.83 米
机高	8.2 米
翼展	28.56 米
空重	21 000 千克
最高速度	870 千米 / 时
最大航程	2500 千米

安 -148 民航客机前侧方特写

电子设备

安-148装有现代化的导航和无线电通信设备，配备了5个15 厘米×20厘米液晶显示面板和一个电传操纵系统，使其能够在仪表飞行规则下日夜操作，也能满足高密度航线上的目视飞行。

安-148民航客机驾驶舱特写

动力装置

安-148采用2台D-436-148涡扇发动机，其燃油效率很高。所有型号燃油箱满载大约为15100升。内置的自动诊断系统、辅助动力装置和特别的机翼设计可使安-148适应条件较差的机场。

安-148民航客机正在起飞

运输能力

安-148有合理选择的客舱长度和每排"2+3"的座椅布局（单通道，左两排和右三排）。舱内布局可对55～80名范围内乘客按照不同形式组合。客舱座椅可调，乘客舱门位于机身前方左侧；机身前方右侧与机身后方左侧各设一道勤务舱门。机舱地板下面前方和后方各设一排行李舱，舱门都开在机身右侧。客舱后部还设有行李舱，舱门位于机身右侧。客舱前面有衣帽柜，客舱后部、行李舱之前设有配餐室。客舱备有2个卫生间，前后各1个。

安-148民航客机的客舱

10 秒速识

安-148在外形上很接近安-74-300，两个涡轮风扇喷气发动机安装在机翼下方的吊舱内，且均为T形尾翼。

安-148民航客机在低空飞行

英国 DH 121 "三叉戟"民航客机

　　DH 121 "三叉戟"是原德·哈维兰公司研制的一款三发短程客机，是世界上较早实现自动驾驶的机型之一。

研发历史

　　1956年7月，英国欧洲航空公司招标，寻找一种中短程喷气式客机。最终，德·哈维公司的DH 121方案竞标成功。1960年，德·哈维兰公司并购至霍克·西德利公司，英国欧洲航空公司主席给该机起了"三叉戟"的绰号。1962年1月9日，"三叉戟"完成首次试飞，并出现在同年的范堡罗航展上。1964年4月1日，该机开始在英国欧洲航空公司执行飞行任务。

基本参数	
机长	35 米
机高	8.3 米
翼展	28.9 米
空重	33 475 千克
最高速度	972 千米/时
最大航程	4345 千米

正在起飞的"三叉戟"民航客机侧方特写

▌▌▌▶ 机体构造

　　"三叉戟"客机采用半硬壳式机身，全金属（铝合金）蒙皮。除了标准布局外，其还有载客较多的混合布局和高密度布局。"三叉戟"采用液压可收放前三点式起落架，主起落架各有两对机轮，以机翼主梁为轴可翻转。

"三叉戟"民航客机侧方特写

||||> **电子设备**

　　"三叉戟"客机装有仪表着陆系统、飞行控制和导航设备、供电系统和空调防冰系统以及完善的通信设备。

"三叉戟"民航客机的驾驶舱

||||> **动力装置**

　　"三叉戟"客机配有3台涡轮风扇发动机，因为发动机的推力线靠近机身轴线，当其中一台发动机失效时，造成的偏航力矩也较小。RB163"斯贝"涡轮风扇发动机有两个涵道，由风扇提供较内涵道喷气流速度更低的外涵道气流，可以在亚音速的飞行范围内，比一般涡轮喷气发动机更为经济，而且比涡桨式发动机能适应更高的飞行速度范围。

"三叉戟"民航客机起飞瞬间

||||▶ 运输能力

　　"三叉戟"客舱在4座和6座一排的混合布局时可设75个旅客座椅，全部6座一排时可设95个经济舱座椅。"三叉戟"2E型是世界上第一种能在恶劣气象条件下具有全自动着陆能力的民航客机，改进了商业航空服务可靠性，提高了飞行安全标准。

"三叉戟"民航客机的客舱

10 秒速识

"三叉戟"机翼为悬臂式后掠下单翼，采用T形尾翼，全自动式水平尾翼。2台发动机装在机身后部左右两侧，另一台装在后机身内。

"三叉戟"民航客机在高空飞行

英国 BAe 146 民航客机

BAe 146是英国宇航公司研制的一款四发动机短程喷气式支线运输机。

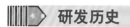

研发历史

BAe 146原名HS.146，是原英国霍克·西德利飞机公司于1972年研制的70～85座级的四发动机喷气式客机，后因爆发石油危机而搁置。1977年4月，霍克·西德利与英国飞机公司合并组成英国宇航公司。1978年7月，HS.146计划以BAe 146的新名称起死回生，作为短程支线运输机投入市场。BAe 146于1983年开始交付使用。

基本参数	
机长	30.99 米
机高	8.61 米
翼展	26.21 米
空重	23 897 千克
最高速度	801 千米 / 时
最大航程	1966 千米

BAe 146 民航客机前侧方特写

机体构造

BAe 146具有高效的机翼设计，扰流板和襟翼的面积比同类机型更大，采用前三点式起落架，起落性能较好，能在小型机场起降。该机具有使用费用低和噪声低等特点。与一般的支线客机相比，BAe 146系列具有宽机身、优越的旅客座位配置规格，采用每行5个座位排列，而不是传统的4座位并列。

BAe 146 民航客机前方特写

动力装置

　　BAe 146民航客机配备了4台由美国达信·莱康明公司由直升机的涡扇发动机改型而成的ALF 502涡扇发动机，发动机未设反推力装置。

BAe 146 民航客机不同角度特写

运输能力

　　BAe 146客机以低噪声而闻名，有"耳语喷气机"的美誉，广泛应用在小城市的支线机场，扮演着短途运输或支线航班的角色。BAe 146的载客量最高能够达到100人，航程最高可达1966千米。

BAe 146 民航客机的客舱

10 秒速识

BAe 146飞机机身采用高单翼配搭T形尾翼设计，4台发动机吊挂在主翼下。

BAe 146 民航客机起飞瞬间

 英国 BAe ATP 民航客机

BAe ATP飞机是英国宇航公司研发的一款涡轮螺旋桨短程民航客机。

研发历史

1984年3月1日，英国宇航公司宣布将以HS.748（原霍克•西德利公司研制的双发涡轮螺桨式支线运输机）为基础，研发一款先进的涡扇飞机。ATP原型机于1986年8月6日首飞，1988年5月9日投入运营。尽管ATP拥有良好的运作性与比同级飞机宁静，但它的低速度与落后的技术成为致命伤，竞争力远不及对手，销量惨不忍睹。

基本参数	
机长	26 米
机高	7.14 米
翼展	30.63 米
空重	13 595 千克
最高速度	496 千米 / 时
最大航程	1825 千米

机体构造

BAe ATP机身采用全金属半硬壳破损安全结构，尾翼采用悬臂式全金属结构。机翼为悬臂式下单翼，角式补偿副翼和富勒式后缘襟翼，每侧副翼上都装有随动调整片。发动机短舱外侧的机翼前缘采用气囊式除冰装置。方向舵有助力操纵装置，每侧升降舵都有调整片。其主起落架为双轮。前起落架可转弯操纵，也为双轮操纵。3个起落架均向前收起，主起落架收入发动机短舱下部。主起落架采用碳刹车和防滑装置，内外刹车由两套独立的液压系统操纵。

BAe ATP 民航客机侧方特写

电子设备

BAe ATP飞机采用数字式电子设备和ARINC429数据传输设备，以及史密斯公司的SDS-201电子飞行仪表系统。两套甚高频无线电台、两套甚高频导航设备、扫描测距设

BAe ATP 民航客机前侧方特写

备、无线电罗盘、空中交通管制应答器、目视飞行规则设备、飞行数据记录器和数字式近地报警系统，以及固定式测试装置和记录设备。两套自动飞行控制系统，每套系统都有利顿公司LTR81-01姿态航向参考系统。还可选装第二套测距设备、无线电罗盘和应答器，以及无线电导航设备、微波着陆系统和1个测高仪。

动力装置

BAe ATP飞机采用两台普拉特·惠特尼加拿大公司PW124或PW125涡轮螺旋桨发动机，每台发动机各驱动1个变流量液压泵提供压力，用于起落架收放、前轮转弯操纵、刹车和登机梯的操纵。还备有辅助液压动力，用于应急放下起落架和应急刹车。

低空飞行的 BAe ATP 民航客机

运输能力

BAe ATP客舱内标准布局为64座，每排4座，中间设有过道。舱内最多可安排72座。客舱后部右侧设厨房，前厕所在左侧。客舱左侧有前、后客舱门，前舱门带登机梯。手提行李舱在客舱左侧前排座椅之前。两个行李/货舱分别在客舱前、后，均设外部舱门。旅客座椅上方有舱顶行李柜。由于加大了螺旋桨离机身的距离，舱内噪音大为降低。

BAe ATP 民航客机后侧方特写

10 秒速识

BAe ATP机身为圆形截面，翼梁不穿入客舱。垂尾稍向后掠，平尾不后掠。

BAe ATP 民航客机底部特写

法意 ATR 42 民航客机

ATR 42飞机是法国宇航公司和意大利阿莱尼亚公司联合研制的一款双发涡桨式支线运输机。

研发历史

1980年，法国宇航公司和意大利阿莱尼亚公司达成协议，决定共同研制一种中、小型支线客机。1981年，两家公司合组ATR公司。第一架原型机于1984年10月首飞，第一架生产型飞机于1985年4月首飞。1985年12月开始交付

基本参数	
机长	22.67 米
机高	7.59 米
翼展	24.57 米
空重	11 250 千克
最高速度	556 千米 / 时
最大航程	1560 千米

使用，其用户有法国、意大利、荷兰、丹麦、芬兰和美国的多家航空公司。ATR是法文和意大利文"区域运输机"的略语，42是基本型客机的载客数。

ATR 42 民航客机前侧方特写

机体构造

ATR 42客机采用普通半硬壳式破损安全结构，主要由轻合金部件构成，结构设计使用寿命25年。ATR 42采用液压收放前三点式，均为双轮，每个起落架使用1个油气减震器。前轮向前收起，主轮向内收入机身及大型起落架整流罩内。主起落架装有多盘式刹车装置和防滑装置。主轮和前轮均为无内胎机轮。

ATR 42 民航客机前侧方特写

电子设备

ATR 42的标准设备是国王公司的Gold CrownIII通信导航设备，其他标准设备包括霍尼韦尔公司DFZ-600自动驾驶仪/飞行指引仪，P-800气象雷达，AZ-800数字式大气数据计算机和两套AH-600姿态/航向参考系统，还有近地告警系统、无线电高度表以及数字式驾驶舱记录器等。除此之外，ATR 42客机还安装有两台甚高频电台、两台伏尔/仪表着陆系统/指点标接收机、无线电罗盘、无线电高度表、测距设备、空中交通管制应答器、驾驶舱话音记录器、机内通话装置以及美国联邦航空条例第21部要求的所有设备。

ATR 42 民航客机的驾驶舱

动力装置

　　ATR 42民航客机安装有两台普惠PW120涡桨发动机，单台功率1342千瓦，可选装加雷特公司的辅助动力装置。燃油装在两个机翼整体油箱内，总容量5700升。右机翼前缘有一个单点压力加油口，机翼上表面有重力加油口。滑油容量40升。

ATR 42 民航客机起飞瞬间

▶ 运输能力

　　ATR 42飞机在气动力和结构设计以及机载设备等方面均采用了许多先进技术，并使用了计算机辅助设计和制造技术。基本设计标准经济性好、起落距离短、具有在Ⅱ类气象条件下的仪表着陆能力、全增压客舱、以及宽体客机的舒适性等。ATR 42客舱有42座，排距81厘米。也可安排46座、48座、50座，排距76厘米，每排4座，中间设过道，载客量42人，最高航程达到1560千米。

ATR 42 民航客机的客舱

▶ 10 秒速识

　　ATR 42机身横剖面大部分呈圆形，采用上单翼和T形尾翼布局，外翼段呈梯形。

ATR 42 民航客机准备降落

法意 ATR 72 民航客机

ATR 72飞机是法国与意大利合资的飞机制造商ATR制造的一款双螺旋桨民航客机。

研发历史

ATR 72是ATR 42的加长型飞机。ATR公司在1985年巴黎航展期间宣布启动这项改型计划。ATR 72于1988年10月27日首飞，1989年10月27日开始交付使用。按1991年市值计算，ATR 72单价为1190万美元。ATR公司原

基本参数	
机长	27.17 米
机高	7.65 米
翼展	27.05 米
空重	12 950 千克
最高速度	511 千米 / 时
最大航程	1324 千米

本打算研发78座的ATR 82，但是计划在1996年就告吹了。2000年4月，ATR公司交付第600架ATR 72。

ATR 72 民航客机侧方特写

机体构造

　　ATR 72和ATR42机身相同，但机身长度有所增加。驾驶舱设备及布局也和ATR 42基本相同，但增加了微型发动机监控设备，加油仪表板上有燃油传输装置仪表。客舱各座椅都配有通风口和阅读灯，舱内还备有扩大了容量的空调系统。

飞行中的 ATR 72 民航客机

动力装置

　　ATR 72飞机的动力装置为两台1611千瓦的PW124涡桨发动机，其改进型选用普惠PW127螺旋桨发动机。

ATR 72 民航客机起飞瞬间

ATR 72 民航客机前侧方特写

 运输能力

　　ATR 72的翼展和机翼面积相比ATR 42均被加大，机身加长。座舱为2人制驾驶舱。客舱内可安排64、66或70座，高密度布局时可载客74名，排距分别为81厘米、79厘米、76厘米和76厘米。其油箱容量更大，航程更远。

ATR 72 民航客机的客舱

║║║║★ **10 秒速识**

　　ATR 72采用直线形上单翼，机翼上安装两台发动机，采用后掠式双梁T形垂直尾翼和直线形水平尾翼。

ATR 72 民航客机侧方特写

欧洲空中客车 A300 民航客机

　　A300飞机是欧洲空中客车公司研发的双发动机中短程宽体客机，它是世界上第一架双发动机宽体客机，也是空中客车第一款投入生产的客机。

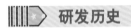 研发历史

A300是空中客车公司在法、德、英、荷兰和西班牙等国政府支持下研制的双发动机宽体客机。1969年9月开始研制，1972年10月300B1原型机首飞，1974年5月交付使用。该机最初设计为单一舱，最多可载客300人，因此命名为"A300"。

基本参数	
机长	54.1 米
机高	16.54 米
翼展	44.84 米
空重	90 900 千克
最高速度	878 千米 / 时
最大航程	7500 千米

A300 民航客机前侧方特写

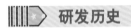 机体构造

A300机身采用普通半硬壳结构，垂尾前、后缘和顶部整流罩、方向舵、平尾前缘和升降舵采用复合材料制造。空中客车公司在研制A300时采用了当时最先进的技术，包括从"协和"超音速客机移植过来的技术。A300先进的超临界机翼具有较佳的经济性能和先进的飞行控制空气动力性，所有客舱、货舱和航空电子舱均为增压舱。起落架为液压可收放前三点式，紧急情况下可靠重力放下，双轮式前起落架，四轮小车式主起落架。

A300 民航客机在高空飞行

电子设备

A300的飞行操控高度完全自动化，机长只有在紧急情况下才需以手动控制，其先进的自动飞行系统可以适应从起飞到着陆的全部过程。除此之外，A300还具有全电子传控刹车系统。

A300 民航客机的驾驶舱

动力装置

A300的动力装置为机翼下吊挂的两台涡扇发动机，每个机翼内有两个整体油箱，中央翼内有第五个油箱。来自发动机、辅助动力装置的压缩空气经输气管路分别供给反推力装置和空调系统。A300有三套独立的液压系统由发动机分别驱动，3套液压系统的压力可通过液压泵互相传递。辅助动力装置位于机体尾锥内。双发A300还有不同的发动机备选，包括两台普惠JT9D-7R4H1涡扇发动机，单台推力249千牛；或两台PW4156涡扇发动机，单台推力249千牛；或两台通用电气公司CF6-80C2A1涡扇发动机，单台推力262.4千牛。

A300 民航客机起飞瞬间

运输能力

在同级别飞机中，A300具有较宽的机身横截面，宽度足以容纳8个座椅和两条走道，货舱可以并排放置LD3标准集装箱，而且比波音747安排更紧凑，空间利用率更高。同时，该系列飞机具有良好的燃油经济性，非常环保。A300客机载客量能够达到375人，其最大航程为7500千米。

A300 民航客机的客舱

▌▌▌▌▷ **10 秒速识**

　　A300采用宽体机身，机身截面呈圆形，带有翼翘的后掠式下单翼，翼下两侧分别有1台发动机，具有后掠式垂直尾翼和下置水平尾翼。

A300 民航客机后侧方特写

欧洲空中客车 A310 民航客机

　　A310飞机是空中客车公司为与波音767竞争在空中客车A300基础上研制的200座级中短程双通道宽体客机。

研发历史

　　A310于1978年开始研制，最初研发代号为A300B10，相当于A300B的缩短型。经过重新设计采用了新的系统技术，命名为A310。1982年4月3日首架原型机试飞，1983年3月29日开始交付使用。A310和A300的市场表现巩固了空中客车公司与波音公司的主要竞争对手地位。

基本参数	
机长	46.66 米
机高	15.8 米
翼展	43.9 米
空重	83 100 千克
最高速度	850 千米 / 时
最大航程	9600 千米

A310 民航客机侧方特写

机体构造

　　A310与A300B的主要不同之处在于其缩短了机身，标准载客量减少到200人。重新设计的稍小的高长宽比机翼，使用更小的尾翼。得益于空气动力学技术的进展，A310较小的机翼可获得更好的升力及性能，缺点是机翼载油量较小，航程能力受到限制。

A310 民航客机前侧方特写

电子设备

A310是第一架采用电子飞行仪表与驾驶舱中央电子飞行监视器的客机，驾驶舱主仪表板上有6个彩色多功能阴极射线管，4个用于电子飞行仪表系统，两个用于发动机性能参数显示。该型机率先实现了双人机组体制，由自动飞行系统取代飞行工程师的工作。另一项创新是使用电子信号，取代了以往由钢索操作的控制面板。

A310民航客机的驾驶舱

动力装置

A310采用通用电气公司的CF6-80或普惠PW4000涡轮风扇发动机，最大燃油容量由200型的55200升增加到75470升。

A310民航客机降落瞬间

▌▌▌▷ 运输能力

A310-300的巡航距离超越了所有A300家族的型号，所以A310系列被广泛用于跨越大西洋的航线。作为空中客车A300B的衍生型，A310与A300B的主要不同三处在于缩短了机身，同样的机身截面，增加了机身尾段内部空间，标准载客量为220人。

A310 民航客机的客舱

▌▌▌▷ 10 秒速识

A310客机采用宽体机身，安装有带翼尖小翼的后掠式下单翼，翼下装有两台发动机。此外，还采用了后掠式垂直尾翼和下置水平尾翼。

A310 民航客机在高空飞行

欧洲空中客车 A320 民航客机

A320飞机是空中客车公司研发的一款双发动机单通道中短程窄体客机。

研发历史

A320是空中客车公司与波音737和麦道MD-80进行竞争的机型。该项目自1982年3月正式启动，第一个型号是A320-100。1987年2月22日首飞，1988年2月交付使用。1994年A321投入运营服务，1996年A319投入运营服务，2003年A318投入运营服务。截至2008

基本参数	
机长	37.57 米
机高	11.76 米
翼展	34.1 米
空重	42 400 千克
最高速度	878 千米 / 时
最大航程	5700 千米

年，A320系列的产量仅次于波音737，是历史上销量第二的喷气式客机。

A320 民航客机前侧方特写

机体构造

　　A320是第一款大量使用复合材料作为主要结构材料的窄体客机，也是第一款带有集装箱货物系统的窄体飞机。A320系列客机包括A320、A321、A319、A318，这4种机型具有相同的驾驶舱、飞行操作程序、客舱截面和系统。飞行员只要接受相同的飞行训练，就可驾驶4种不同的客机。这种共通性设计也降低了维修的成本及备用航材的库存，大大增强了航空公司的灵活性。

A320 系列民航客机

电子设备

　　A320是第一款应用全数字电传操纵飞行控制系统的民航客机，主仪表盘上6个可互换的液晶显示屏取代了过去飞机上众多的仪表刻度盘，便于接受信息并确保降低两名驾驶员的工作负载。同时采用侧置的操纵杆代替传统驾驶盘。A320主系统由截然不同的两个部分组成，其中一部分工作，另一部分通过各方面提供的数据监控操作。另外，有两台计算机负责执行飞行计划，还有4台分别监控发动机和机上其他系统的运转。

A320 民航客机的驾驶舱

A320 民航客机离地升空

运输能力

　　A320较宽的机身提供了足够大的货运能力，客舱舒适而宽敞，是当前最受欢迎的150座级的中短程客机。A320能够提供集装箱货运装载系统，该系统与全球标准宽体飞机装载系统兼容，从而减少了地服设备，降低了装卸成本。该系列飞机具有的高可靠性进一步增强了营利性和为乘客提供服务的能力。

A320 民航客机的客舱

||||||▷ **10 秒速识**

A320客机采用带有翼翘的后掠式下单翼，翼下挂有两台CFM56-5或IAE V2500涡轮风扇发动机，安装有后掠式垂直尾翼和下置水平尾翼。

A320 民航客机侧方特写

欧洲空中客车 A330 民航客机

A330飞机是空中客车公司研发的双发动机、双通道中长程宽体客机，用于取代A300。

研发历史

A330与A340是一个系列，1987年4月空中客车公司决定A330和A340两个型号同时上马。A330于1992年11月2日首飞，1994年交付使用。作为现役空中客车飞机中航程最远的双发飞机，A330在与波音767的竞争中占据了中级双发客机市场的主导地位。

基本参数	
机长	58.8 米
机高	17.4 米
翼展	60.3 米
空重	119 600 千克
最高速度	871 千米 / 时
最大航程	12 500 千米

A330 民航客机侧方特写

机体构造

A330在航程和效益方面更加有效地满足了市场需求，同时在结构、气动性能和系统方面继续运用了高技术。A330系列采用质量更轻、强度更高的金属合金和复合材料，可降低机身重量和提高飞机机体的寿命。A330的机翼为计算机控制的可变弯度翼型，机身和尾翼采用了大量铝锂合金和复合材料，铝锂合金用于机身结构、桁条等部件。主起落架为四轮小车式，前起落架为双轮式。

A330 民航客机后侧方特写

电子设备

A330的驾驶舱为双人驾驶制，是由A320先进驾驶舱发展而来的，采用侧杆操纵，主仪表板上有6个彩色多功能显示器，所有性能数据均为数字化显示。不仅装有飞行管理系统和电子飞行仪表系统，还增加了飞机重心管理系统。

A330 民航客机的驾驶舱

|||||▷ 动力装置

　　A330发动机由通用电气、普惠及罗尔斯·罗伊斯三大发动机制造商提供。通用电气原先计划使用CF6-80C2于A330，然而后来的研究指出A330需要更大的推力来增加初始的动力输出能力，因此通用电气将CF6-80C2改为CF6-80E1。罗尔斯·罗伊斯原先计划使用推力267千牛的Trent 600于A330，然而出现与通用电气一样的问题，因此罗尔斯·罗伊斯同意设计一款专为A330发动机开发的Trent 700。普惠也签署了专为A330开发的PW4168发动机。

A330 民航客机正在起飞

▌▌▌▌◇ 运输能力

　　A330是能直飞机场位于海拔3500米以上的青藏高原航线的少数机种之一。其机翼在气动性能方面也进行了优化，确保了所有条件下最佳的起飞和着陆性能，提高了飞机在巡航速度飞行时的燃油效率。A330客机在客舱的灵活性和舒适性方面进行了优化，载客量增加到440人。A330客机提供了最大的运营灵活性以满足市场发展需要，该机能够满足不同运营商对客舱座位数和分级布局的各种需求，宽大的底舱提高了货运运营效益。

A330 民航客机的客舱

▌▌▌▌◇ 10 秒速识

　　A330采用带翼翘的后掠式下单翼，翼下挂有两台发动机，具有后掠式垂直尾翼和下置水平尾翼。

A330 民航客机准备降落

欧洲空中客车 A340 民航客机

　　A340飞机是空中客车公司首款四发动机长程客机，也是世界上第一款使用数字控制系统的民用飞机。

研发历史

　　1987年，A340与A330同时开始研发，两者都保留了A300/A310系列的机身截面设计优点，同时采用了A320先进的航空电子技术。A340于1991年10月25日首飞，1993年3月15日交付使用。21世纪初，波音777远程型号的出现，加上燃油价格上升，航空公司开始倾向波音777，而A340的订单开始逐年下降。

基本参数	
机长	63.6 米
机高	16.85 米
翼展	60.3 米
空重	129 275 千克
最高速度	896 千米 / 时
最大航程	13 700 千米

机体构造

　　A340和A330两种机型有很大的共通性，有85%的零部件可以互相通用，采用相似的机身结构，只是长度不同，驾驶舱、机翼、尾翼、起落架及各种系统都相同。机翼为计算机控制，计算机根据飞行时所处的高度和速度以及载荷情况，操纵飞机后缘襟翼来获得最佳翼型。A340机身和尾翼采用了大量铝锂合金和复合材料，尾翼、各操纵面、整流包皮、客舱地板均由复合材料制造。主起落架为四轮小车式，前起落架为双轮式。

A340 民航客机前方特写

电子设备

　　A340驾驶舱为双人驾驶制,是由A320驾驶舱发展而来的,采用侧杆操纵,主仪表板上有6个彩色多功能显示器,所有性能数据均为数字化显示。除了装有飞行管理系统和电子飞行仪表系统外,还增加了飞机重心管理系统。A340装备了全数字化电传操纵飞行控制系统,驾驶舱的核心技术是空中客车率先使用的电传操纵系统。新电子系统在提高操纵性和稳定性的同时还降低了驾驶员的工作负荷。

A340 民航客机的驾驶舱

动力装置

A340通过技术削减飞机维护成本，降低了飞机的重量并减少了燃油成本。该飞机配备4台发动机的布局可使航空公司有能力灵活制订远程和超远程航线计划，用以补充已有的飞机系列。A340所选用的发动机有CFM56和PW4000。该机发动机压缩比高，加大了进气道和进气量，提高了发动机推力。

A340 民航客机起飞瞬间

运输能力

A340最初的设计目的是要在远程航线与波音747竞争，因此载客量较少，适宜远程客运量少的航线。A340客机是在役的航程最远的客机之一。通过与A330系列相结合，A340为客户提供了最高程度的运营灵活性和经济性。该型飞机宽大的底舱提高了货运效益。

A340 民航客机的客舱

10 秒速识

A340采用宽体机身，采用带翼翘的后掠式下单翼，翼下挂有4台发动机，具有后掠式垂直尾翼和下置水平尾翼。

飞行中的 A340 民航客机

欧洲空中客车 A380 民航客机

  A380飞机是空中客车公司研制并生产的四发动机550座级超大型远程宽体客机，其投产时是全球载客量最大的客机，有"空中巨无霸"之称。

研发历史

  2000年12月，空中客车公司宣布启动投资88亿欧元的A3XX计划，并定名为"A380"（跳过了A350、A360和A370，以表技术飞跃之意）。该机于2005年4月27日首次试飞，2007年10月25日交付使用。A380打破了波音747在远程超大型宽体客机领域统领35年的纪录，成为目前世界上载客量最大的民用飞机。

基本参数	
机长	72.72 米
机高	24.09 米
翼展	79.75 米
空重	276 800 千克
最高速度	1002 千米 / 时
最大航程	15 700 千米

A380 民航客机上方视角

▶ 机体构造

　　A380约25%由高级减重材料制造，其中22%为碳纤维混合型增强塑料
(CFRP)，3%为用于民用飞机的GLARE(玻璃纤维增强铝材料)纤维—金属
板。A380采用了复合材料碳纤维制成的连接机翼与机身的中央翼盒。此
外，A380还在后压力舱后部的后机身采用了复合材料。

A380 民航客机底部特写

电子设备

　　A380客机采用双人驾驶制，驾驶舱采用了最新式的交互式显示屏和由以太网连接的扩展性集成航空电子模块，有8个液晶显示器：包括两个主要飞航显示器、两个导航显示器、1个发动机参数显示器、1个系统显示器和两个多功能显示器，这两个多功能显示器为飞航管理系统提供了操作界面。

A380 民航客机的驾驶舱

动力装置

　　A380可选配罗尔斯·罗伊斯Trent 900或由通用电气及普惠联营的GP7200涡轮扇发动机。两款均为应用在波音777客机上发动机的衍生产品，Trent 900是Trent系列发动机的第四代产品，为满足A380需求而设计的发动机。GP7200使用了GE90的内核及PW4090的和罗尔斯·罗伊斯涡轮扇及低压压缩机。

A380 民航客机在高空飞行

运输能力

　　A380是首架拥有4条乘客通道的客机，座椅和通道非常宽大。A380的燃油经济性比其直接竞争机型提高约13%，并显著地降低了噪声和废气排放。该机具备低空通场、超低空低速通场的能力，能够在中低空完成大仰角转弯、过失速速度和过失速仰角飞行、能够实施空中翻转，确保飞机遭遇鸟击、雷暴、大风等恶劣条件时的安全。巨大的机翼和侧旋尾翼使飞机可以在动力全部失效以及燃油耗尽的情况下滑翔着陆。A380在典型三等舱(头等舱-商务舱-经济舱)布局下可承载555名乘客(其中上层机舱199人，下层客舱356人)，采用最高密度座位安排时可承载861名乘客。

A380 民航客机的经济舱

||||▶ **10 秒速识**

A380采用双层客舱机身，带翼翘的后掠式下单翼，翼下分别挂有两台发动机，具有掠式高垂垂尾翼和下置水平尾翼。

A380 民航客机前方特写

巴西 EMB-120 "巴西利亚" 民航客机

EMB-120 "巴西利亚" 飞机是巴西航空工业公司研制的一款双发涡轮螺旋桨支线客机。

研发历史

基于EMB-110的成功与30座支线客机需求的增长，巴西航空工业公司在1979年9月正式开始EMB-120"巴西利亚"的研发。原型机于1983年7月27日首飞，1985年10月投入服务，首个客户为大西洋东南航空。

基本参数	
机长	20 米
机高	6.35 米
翼展	19.78 米
空重	7070 千克
最高速度	552 千米／时
最大航程	1750 千米

EMB-120 民航客机在高空飞行

机体构造

EMB-120采用低翼设计，机身采用半硬壳设计，机翼、襟翼、垂直尾翼、水平尾翼、机鼻和机尾采用少量复合材料构造，左、右副翼和每个升降舵均装有调整片。起落架采用液压可收放前三点式，双轮结构，使用油气式减震器；均向前收起(主轮收入发动机短舱)，前轮可转弯操纵。

EMB-120 民航客机侧下方特写

电子设备

　　EMB-120驾驶舱的电子设备由美国罗克韦尔·柯林斯公司提供，采用Pro Line数字式电子装置，包括两个VHF-22通信电台、两个VIR-32甚高频导航接收机、1个ADF-60A无线电罗盘、1个TDR-90应答机、CLT-22/32/62/92操纵杆把手、1台DME41测距器、1台WXR-270气象雷达、两套AHRS-85数字式捷联姿态/航向参考系统、两套ADF-84姿态航向指示器、两套EHSI-74电子航迹罗盘、两套RMI-36天线电磁指示器、1套DMELT-81应急定位发射机、两套Avtech音频/机内通话器、Avtech PA和客舱内通话器、Fairchild录音器和J.E.T备用姿态指示器。

EMB-120 民航客机的驾驶舱

动力装置

　　EMB-120所配置的发动机由普惠公司提供，采用四叶片的PW115，单台起飞和最大连续功率为1342千瓦。每侧机翼内有两个整体油箱，总油量3340升，可用油量3308升，右机翼外侧下翼面有单点压力加油口，每侧机翼上表面有重力加油点。

EMB-120 民航客机正在起飞

运输能力

　　EMB-120的特点是价格便宜、机载设备先进、使用维护费用低，曾是国际支线客机市场上的热销产品。客舱采用"2+1"座位排列设计，有舱顶行李架、座舱空调并增压，载客量为30人。增压行李舱在客舱后部，左侧有1个大货舱门，可改成全货运

EMB-120 民航客机的客舱

型、行政型或军用运输型，最大航程能够达到1750千米，被誉为"巴西航空工业最成功的螺旋桨客机"。

▶ **10 秒速识**

EMB-120机身呈圆形截面，采用悬臂式下单翼，翼下有两台发动机，机翼是单个连续的三梁破损安全结构，与机身下部隔框相连，尾面也是三梁的。

EMB-120 民航客机前侧方特写

荷兰福克 F50 民航客机

福克F50飞机为荷兰福克公司研发的一款双发涡轮螺旋桨支线客机。

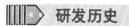

研发历史

F50于1983年11月底开始研制，1985年12月28日首次试飞，1987年7月交付给澳大利亚安塞特航空公司使用。按1993年市值计算，飞机的单价为1230万美元。之后，福克公司继续发展了加长型——福克50-200，可乘坐68名旅客，1994年交付使用。

基本参数	
机长	25.25 米
机高	8.32 米
翼展	29 米
空重	12 250 千克
最高速度	530 千米 / 时
最大航程	2055 千米

F50 民航客机前侧方特写

机体构造

F50的外形尺寸与F27基本相同，采用了F27经过考验的机体，但在布局上有所改进，结构也作了修改，如将旅客登机门改到前机身左侧，去掉了大的货舱门，增加了客舱窗户。机身采用全金属应力蒙皮破损安全结构，由胶接的圆柱段和铆接的锥形段组成。机头锥、整流罩、前起落架舱门、检查口盖和客舱地板采用复合材料。起落架采用可收放前三点式起落架。前、主起落架均为双轮。主起落架固定在机翼下，液压操纵向后收入发动机短舱后部；前起落架向前收入机头锥内。

F50 民航客机前侧方特写

电子设备

F50驾驶舱有两套霍尼韦尔公司的EDZ-806电子飞行仪表系统(配有提供主要飞行和导航信息的阴极射线管显示器)以及为中央多功能显示器准备的空间。标准电子设备包括：霍尼韦尔公司的具有I类着陆能力的SPZ-600自动飞行控制系统和FZ-500双重飞行指引仪系统；本迪克斯公司的两套III系列甚高频通信设备，1套III系列无线电罗盘，1套测距设备(包括频率稳定设

F50 民航客机的驾驶舱

备)，III系列空中交通管制应答器；霍尼韦尔公司的Primus P-650气象雷达(在电子飞行仪表系统上有两套显示装置)等。

动力装置

F50飞机有两台普惠公司的PW125B三转子涡桨发动机。发动机有两级串列式离心压气机，每级由自身的单级涡轮驱动。发动机单台起飞功率

1864千瓦。燃油装在发动机短舱外侧机翼中梁盒两根梁间的两个结构油箱内，总油量为5136升。发动机进气口、螺旋桨桨叶和整流罩用电除冰。

F50 民航客机侧方特写

▶ 运输能力

F50民航客机有两名机组人员，标准客舱布局为50座，采用中央过道，每排4座，排距81厘米；46座行政机型，排距86厘米；56座旅游型或58座高密度型，排距均为76厘米。该机可乘坐68名旅客，最高航程能够达到2055千米。

F50 民航客机的客舱

▶ 10 秒速识

F50采用悬臂式上单翼，无后掠角。垂尾为悬臂式全金属主结构以及固定安装角平尾。

F50 民航客机前方特写

 荷兰福克 100 民航客机

福克 100 飞机是荷兰福克公司研制的一款双发动机中型窄体民航客机。

研发历史

　　1983年12月24日，福克 100正式开始研制，共生产了两架原型机。两架原型机分别在1986年11月及1987年2月成功试飞，1988年2月29日第一架生产型交付使用。虽然福克 100是一款成功的设计，但福克公司本身却因经营不善而陷入严重的财政困难。1996年，福克公司宣布破产，最后一架福克

100在1997年交付使用，之后关闭了生产线。

机体构造

　　福克 100有着比福克F28更长的机身，但大多数零部件经过重新设计，机体结构也作了修改，全机身进行了防腐处理。该机保留了基础中央翼盒，两侧翼尖各加长1.5米，采用新的机翼前缘、后缘和翼型不同的外翼段。翼面积增加约18%，气动效率增加30%。机身和尾翼部分使用碳纤维复合材料和铝合金制造。复合材料制造的部件还有机头锥，机翼/机身整流罩，客舱地板，短舱整流罩，方向舵和背鳍。起落架采用液压收放前三点式，前、主起落架均为双轮。

基本参数	
机长	35.53 米
机高	8.5 米
翼展	28.08 米
空重	24 541 千克
最高速度	845 千米 / 时
最大航程	3170 千米

福克 100 民航客机正在降落

福克 100 民航客机侧下方特写

电子设备

福克 100配备的电子设备包括两台甚高频无线电台、压力高度表、空中交通管制应答器、3套航姿参考系统、两个无线电高度表、两个带指点标接收机的甚高频全向信标、两套仪表着陆系统、两个无线电罗盘、两个测距器、柯林斯公司的主飞行显示器和导航显示器、两套数字式大气数据计算机及大气数据仪表、气象雷达、两套飞行管理控制系统以及数字式自动飞行控制和增稳系统等。

福克 100 民航客机的驾驶舱

动力装置

福克 100采用两台罗尔斯·罗伊斯Tay Mk. 620-15涡轮扇发动机，也可选装罗尔斯·罗伊斯Tay Mk. 650-15涡轮扇发动机。燃油装在两个容量各为4840升的主油箱和1个中翼段整体油箱内。标准机内总油量为13465升。加油口在右机翼下部靠近机翼/机身整流罩处。

高空飞行的福克 100 民航客机

运输能力

福克 100的标准客舱布局 107座，舱内设施有两个厨房，两个盥洗室，两个衣柜，另外两个储物/存衣舱和1个随身行李舱。向外开的客舱门位于客舱左前方，客舱右前方是向外开的服务舱门/应急出口。机身两侧机翼上方有应急出口(向里开堵塞式)。两个行李/货舱在

福克 100 民航客机的客舱

地板下(机翼前、后各1个)，舱门在右侧，向下打开。

10 秒速识

福克 100有外部天线，两台发动机置于机身后段，主起落架向内收入机翼/机身整流罩内。

福克 100 民航客机前方特写

荷兰福克 70 民航客机

福克70飞机是荷兰福克公司研发的一款双发喷气短程民航客机。

研发历史

福克F70是荷兰福克公司所研发的最后一款喷气客机，1993年在巴黎航展上正式对外宣布。福克公司将原来福克100的一架原型机缩短了一段机身作为福克70的原型机进行取证试飞。1994年10月取得型号合格证后把生产型飞机交付客户使用。最后一架福克F70于1997年交付使用，之后便停止了生产线。

基本参数	
机长	30.91 米
机高	3.3 米
翼展	28.08 米
空重	22 673 千克
最高速度	845 千米 / 时
最大航程	3410 千米

福克 70 民航客机在低空飞行

▌▌▌▶ ★ 机体构造

福克70和福克100的机体区别很小，最明显的改动就是缩短了机身，在机翼前后各缩短了2.46米和2.16米。该机采用了和福克100相同的机翼，使其由于突风而产生的载荷较大，因此对机翼外翼段的多处结构进行了加强。

福克 70 民航客机前侧方特写

▌▌▌▶ ★ 电子设备

福克70配备了柯林斯公司的电子飞行仪表系统，它由安装在每个驾驶员前方的前仪表板上的1个基本飞行显示器和1个导航显示器以及在前仪表板中央的两个多功能显示器组成。这6个显示器都是阴极射线管式。该机上装有具有第二类着陆能力的柯林斯公司数字式

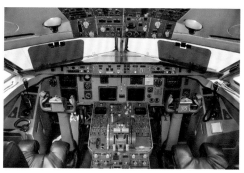

福克 70 民航客机的驾驶舱

飞行控制和增稳系统以及自动油门杆系统、近地告警系统、带有飞行包线保护功能的飞行警告计算机系统等。

动力装置

与福克100一样，福克70也采用两台罗尔斯·罗伊斯Tay Mk. 620-15涡轮扇发动机，推力为55.96千牛。不同的是，福克70不可选装罗尔斯·罗伊斯Tay Mk. 650-15涡轮扇发动机。

高空飞行的福克 70 民航客机

运输能力

福克70最多可载80人，客舱后部的装货空间由7.24立方米减小到4.64立方米。客舱前部的装货空间则由9.48立方米减小到8.11立方米，然而每位旅客的平均装货空间还是略有增加。

福克 70 民航客机的客舱

10 秒速识

福克70采用后掠式T形尾翼，垂直尾翼连接背鳍，机身后部安装两台发动机。

福克 70 民航客机上方视角

瑞典萨博 2000 民航客机

萨博2000飞机是由瑞典萨博公司在萨博340基础上研发的涡轮螺旋桨客机。

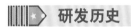
研发历史

萨博2000的设计工作始于1988年，同年12月15日，瑞士十字航空公司意向订购25架萨博2000，1989年5月正式启动该项目，1990年2月开始制造原型机，1991年12月14日首架原型机出厂，并于1992年3月26日首飞，1993年3月17日第一架生产型飞机首飞。1994年8月30日开始交付给瑞士十字航空公司，并于同年9月投入航线运营。

基本参数	
机长	27.28 米
机高	7.73 米
翼展	24.76 米
空重	13 800 千克
最高速度	665 千米/时
最大航程	2868 千米

萨博 2000 民航客机正面特写

机体构造

萨博2000机身采用破损安全铝合金胶结结构，机翼为双梁破损安全铝合金铰接结构，后掠垂直安定面和水平安定面均为双梁蜂窝夹层结构。方向舵和升降舵采用玻璃钢前缘和碳纤维增强复合材料蒙皮结构，由带有电信号激励的双重故障被动防护液压驱动系统操纵。起落架为液压可收放前三点式起落架，均为并列双轮，装有油气缓冲器。所有起落架均向前收起。

电子设备

除了装有基本的通信、导航设备和无线电调谐装置，萨博2000还装有美国柯林斯公司的wxR-840固态气象雷达系统，还可选装湍流探测雷达。在飞行与仪表方面，配有姿态/航向基准系统、数字式大气数据系统、飞行管理系统，还可选装惯性基准系统。此外，该机还装有柯林斯公司带有6个阴极射线管显示器的ProLine4成套设备、综合航空电子处理系统和发动机指示与机组告警系统，还可选装空中交通告警与防撞系统。

萨博 2000 民航客机的驾驶舱

动力装置

萨博2000采用两台艾莉森公司GMA 2100发动机，配置六片扇叶，发动机位置远离客舱，并有1个专门的系统来减低客舱噪音。另外还装有辅助动力装置为发动机起动和环境控制系统提供动力。飞机每侧机翼上有两个整体油箱，总有效容量5300升。在右侧外机翼蒙皮上有一个压力加油点。每侧机翼的上表面还有重力加油口。发动机短舱采用超塑性成形/扩散连接的钛合金防火结构。

萨博 2000 民航客机前侧方特写

▶ 运输能力

　　萨博2000标准客舱载客50人，每排3座，中间留有过道。把客舱后隔板向往行李舱内移动1个配餐室和衣帽间的空间，可加大客舱长度，使客舱布局增加到58个座椅。主行李舱位于旅客舱后面，舱门设在左侧。在客舱前右侧还设有1个较小的行李舱。旅客舱门设在客舱前部左侧，勤务/应急舱门位于后部右侧，在每侧机翼上方还各设有1个Ⅲ型应急出口。整个机舱均有增压和空调系统。

萨博 2000 民航客机的客舱

萨博 2000 民航客机正在降落

萨博 2000 民航客机的客舱

▌▌▌▌> **10 秒速识**

萨博2000机身为圆形截面，机身上装有背鳍。

萨博 2000 民航客机正在降落

高空飞行的麻博 2000 民航客机

Chapter 3
民用货机

　　民用货机是指以包机或定期航班的形式专门运输货物的飞机。专门为货运而设计的民用飞机很少，大多数民用货机都是由客机改装而成的，很多干线飞机都有专门的货机型号。

美国波音 747-400LCF 货机

　　波音747-400LCF飞机是波音公司设计的特殊大型货机，主要用途是运输波音787客机的零部件去各部门进行组装。

研发历史

　　747-400LCF货机是因应波音787客机的生产而衍生出的产品，由747-400型客机改造而成。早在2004年，波音公司就已经完成了波音747-400 LCF的设计。该机于2006年9月首次试飞。截至2020年，共生产了4架。

基本参数	
机长	71.68 米
机高	21.54 米
翼展	64.4 米
空重	180 530 千克
最高速度	878 千米 / 时
最大航程	7778 千米

747-400 LCF 货机前侧方特写

机体构造

　　747-400 LCF货机是在波音747-400客机的基础上改进而来的，除了在机体上的大幅修改外，机翼设计也有小幅改变。747-400 LCF的机翼原本仍保持747-400的形状，但试飞后数据显示安装有翼尖小翼会造成不规则扰动，最终波音公司决定移除翼尖小翼。此外，747-400 LCF货机的货舱容量比747-400大3倍（1845立方米），垂直尾翼则增加1.5米以提升操纵性能，机尾则增加了3米。与一般大型货机经常采用的"掀罩式"货舱门不同，在装卸货物时波音747-400 LCF货机的货舱门是以横向方式开启，使波音787的大型零组件能够简单而迅速地装卸，以便缩短生产线时间。

747-400 LCF 货机在停机坪上

▶ 电子设备

波音747-400LCF货机的数字化驾驶舱使用数字式航空电子仪表和彩色多功能显示器，配备了6台大型CRT显示屏。

飞行中的波音 747-400LCF 货机

▶ 动力装置

波音747-400LCF货机采用4台涡扇发动机，可选装普惠公司4000系列 PW4062发动机或通用电气公司CF6-80系列 CF6-80C2B5F发动机或罗尔斯·罗伊斯RB211系列 RB211-524H发动机。

正在起飞的波音 747-400LCF 货机

运输能力

波音747-400LCF货机主要用于将波音公司新研发的"787梦想飞机"在世界各地制造的如机身、机翼等大型复合材料组件运回波音美国华盛顿州埃弗里特工厂完成最终组装。经过改装后的747- 400LCF货机，装载容积为1845立方米，比原747货机的容积大约3倍。747-400LCF货机采用全世界首创的机尾横向开启设计，使日后装卸大型复合材料组件更为快速、方便。

波音 747-400LCF 货机侧方特写

10 秒速识

747-400LCF货机机翼移除翼尖小翼，机身有大的隆起部分。

波音 747-400LCF 货机后侧方特写

美国波音 757-200PF 货机

　　波音757-200PF飞机是波音757系列中的货机型，于1987年9月开始交付使用。

▌▌▌▶ **研发历史**

　　波音757是波音公司开发的中型单通道窄体民航客机，用于替换波音727，并在客源较少的航线上作为波音767的补充。1983年，波音757开始投入服务。1985年，美国联合包裹公司（UPS）订购货机版本后，波音公司开始制造757-200PF货机版。除此之外，还有波音757-200SF特殊货运型、757-200M客货混合型。

基本参数	
机长	47.32 米
机高	13.56 米
翼展	38.05 米
空重	85 300 千克
最高速度	870 千米 / 时
最大航程	7275 千米

波音 757-200PF 货机后侧方特写

机体构造

　　虽然T形尾翼拥有风阻小的优点，但因为容易使飞机失速，最终757-200PF的设计仍使用了传统的垂直尾翼。757-200M客货混合型，保留了标准客舱和客舱其他设备，货舱与757-200PF相同，仅生产1架于1988年交付尼泊尔航空公司使用。

波音 757-200PF 货机侧方特写

动力装置

　　波音757-200PF采用罗尔斯·罗伊斯RB211系列发动机，由于采用了两台高涵道比发动机并实行两人驾驶制，与早期采用三人驾驶制、装4台发动机的标准机身货机相比，波音757-200PF货机的制造成本较低。

波音757-200PF货机后侧方特写

运输能力

　　波音757-200PF货机最大起飞重量为113 400千克，在最大荷载的情况下，其航程约为7275千米。

波音 757-200PF 货机正在降落

波音757-200PF没有乘客舷窗和舱门，机身前侧增加了一个大型货舱门，并采用了垂直尾翼。

波音 757-200PF 货机侧下方特写

美国波音 767-300BCF 货机

波音767-300BCF飞机是波音公司为了延长767飞机的服务时间而推出的货机改装版。

研发历史

由于波音787投产后，预期会有大量的波音767被淘汰。为了协助客户处理手上的767客机，波音公司于2005年宣布启动"767-300改装货机"计划，即767-300BCF。波音于2005年11月1日宣布全日空为首家767-300BCF客户，签约改装3架767-300型客机并保留4架选择权。第一架767-300BCF于2007年至2008年年年初交付使用。

基本参数	
机长	61.4 米
机高	5.03 米
翼展	51.82 米
空重	103 872 千克
最高速度	860 千米/时
起飞距离	2600 米

飞行中的767-300BCF

机体构造

波音767-300BCF由现有的767客机改装而成，机身左侧前方加开一道货舱门，地板及机身结构被加强，加设货物搬运系统、地面嵌板、货舱轨道、墙壁及天花板布置等。

767-300BCF 正在装载货物

运输能力

改装后的767-300BCF拥有54吨的载重量及5390千米的最大航程，等同于1架767-300F货机。

波音 767-300BCF 前方特写

波音 767-300BCF 前侧方特写

10 秒速识

767-300BCF是基于767-300ER改装的货机，带侧货舱门。

767-300BCF 侧方特写

美国道格拉斯 DC-10-30F 货机

　　DC-10飞机原为道格拉斯公司设计并生产的一款双发宽体客机，后因销售不畅而改为全货运输机。

研发历史

　　20世纪80年代以后，伴随着石油危机的发生，以及空中客车A300的问世，相对耗油较高的道格拉斯DC-10逐渐丧失订单。后来，DC-10凭借三发动机在最大起飞重量上的优势，被改装成全货机用途，型号为DC-10-30F。首架DC-10-30F于1986年1月交付使用，共获得9架订单，于1988年10月全部交付使用。

基本参数	
机长	55.5 米
机高	17.7 米
翼展	47.3 米
空重	108 940 千克
最高速度	908 千米 / 时
最大航程	6080 千米

DC-10-30F 货机后方特写

机体构造

　　DC-10-30F机身前部增加了1个3.56米×2.59米的大型货舱门，并对机身进行了加强。货舱内可铺设装货滚珠、滚棒系统，其装货导轨可调节。

DC-10-30F 货机侧方特写

DC-10-30F 货机正在起飞

运输能力

　　DC-10-30F货机除不能载客外，其他特点均与DC-30CF客货型相同。该机采用3台CF6-50C2涡扇发动机，载货80282千克，可飞远程国际航线。主货舱可装载23个标准集装箱或51个小型集装箱，下层货舱可装散装货物，机尾还有小型货舱。

DC-10-30F货机前侧方特写

10 秒速识

DC-10-30F属于纯运输机，不带舷窗，机身中部两侧翼下分别装有1台发动机，机身后部上方也安装有1台发动机。

DC-10-30F 货机在海上飞行

欧洲空中客车 A300-600/600R 货机

A300-600/600R飞机是欧洲空中客车公司A300系列中的货机型号。

研发历史

A300是世界上第一架双引擎宽体客机，也是空中客车公司第一款投入生产的客机。空中客车公司凭借A300的声誉，以其为基础发展出了A310、A330及A340等众多型号。之后，空中客车公司开始向货机领域进军，并推出了A300-600/600R。

基本参数	
机长	54.1 米
机高	16.54 米
翼展	44.84 米
空重	90 900 千克
最高速度	800 千米/时
最大航程	7500 千米

A300-600 货机准备降落

机体构造

A300-600/600R于1988年投入使用，驾驶舱由A300的3人控制改为2人控制，机身相比A300来说有所缩短，并且改用新设计的高长宽比机翼，缩小了尾翼尺寸。机身采用普通半硬壳结构，截面呈圆形，主要部件由高强度铝合金、钢或钛合金制造，高应力部位采用整体机加壁板蒙皮，其余部分为蜂窝壁板和复合材料。起落架采用液压可收放前三点式，紧急情况下可靠重力放下，双轮式前起落架向前收入机身，4轮小车式主起落架向内收入机身。

A300-600/600R 货机前侧方特写

电子设备

A300-600/600R货机驾驶舱主仪表板上有6个彩色多功能显示器，4个用于电子飞行仪表系统，两个用于发动机性能参数显示。1套数字化自动飞行操纵系统。机上还安装了1套ARINC717数据记录系统。自动着陆系统可提供II类气象条件下自动进场和着陆功能。

跑道上的 A300-600/600R 货机

▎▎▎▎▷ ★ 动力装置

A300-600/600R的发动机通常为通用电气公司的CF6-80发动机，或者普惠公司的PW4000发动机。尾部还有1个容量为6100升的油箱，右翼后面有两个压力加油口。需要时，可选用左翼相对应部位的两个备用加油口。

A300-600/600R 货机侧方特写

▎▎▎▎▷ 10 秒速识

A300-600/600R货机机身较短，采用悬臂式中单翼，尾翼较小，所有翼面均向后掠。

A300-600/600R 货机前侧方特写

欧洲空中客车 A300-600ST 货机

A300-600ST "大白鲸" 飞机是用来运送新型飞机部件的特殊用途货机。

研发历史

空中客车公司是1个多国合组的公司，该公司研发的新型飞机部件都分散在各国分厂中，要将这些部件全部运输到总厂才能进行组装。A300-600ST即用于此类运输。

基本参数	
机长	56.15 米
机高	17.24 米
翼展	44.84 米
空重	86 000 千克
最大起飞重量	155 000 千克
最大航程	4632 千米

空客 A300-600ST 货机侧方特写

▌▌▌▌★▷ **机体构造**

    A300-600ST拥有一个圆筒状上段机身，为了适应机身加大后造成的空气力学改变，原本A300-600/600R货机的垂直尾翼与水平尾翼都加大了面积，并且在水平尾翼末端增加两个垂直小翼以提升飞行时的稳定性。为了方便大型货物的进出，A300-600ST采用大型货机常用的"掀罩式"机首，可以向上掀开67.25°。此外，A300-600ST的驾驶舱相比A300-600/600R而言往下移了许多，变成一个很奇特的"尖鼻"模样。

空客A300-600/600R货机前方特写

▌▌▌▌★▷ **动力装置**

    A300-600ST货机的动力来源是两台通用电气公司出品的CF6-80C2A8型涡扇发动机，最大燃油量达42 680升。

空客 A300-600ST 货机准备起飞

运输能力

　　A300-600ST是一款用来运送飞机部件的特殊用途货机，拥有容积超大的货舱，其1400立方米的货舱中最多可以装载47吨的业载，不经停飞行1666千米。还能在搭载31吨业载的情况下飞越大西洋。由于其无可匹敌的巨型货舱体积，A300-600ST货机一直服务于航空航天、军事和其他超大型货运市场用来运送各种各样的货物。

空客 A300-600ST 货机正在装运货物

10 秒速识

A300-600ST货机采用后掠式下单翼，加长了垂直尾翼，水平尾翼两端安装垂直安定面。机头前上方安装有巨大的抓斗式前货舱门，机头位置下移。

A300-600/600R 货机前侧方特写

欧洲空中客车 A330-200F 货机

空客A330-200F飞机是空中客车A330系列中的全货机型号。

研发历史

A330-200F货机是空中客车A330系列飞机家族的新成员，主要用于替换50吨～70吨级的老旧中型货机，还可以帮助航空公司增加在一些低频远程货运市场的运输能力。截至 2020 年 12 月，空中客车公司已交付38架A330-200F货机。

基本参数	
机长	58.8 米
机高	16.9 米
翼展	60.3 米
空重	109 000 千克
最高速度	871 千米 / 时
最大航程	7400 千米

空客A330-200F货机在高空飞行

▌▌▶ 机体构造

A330-200F可以在主货舱并排安装23个货盘，或者采用其他布局方式：比如单排安装16个货盘、9个AMA集装箱，同时下层货舱还可以安装8个下层货舱货盘和两个LD3集装箱。

空客 A330-200F 货机侧方特写

▌▌▶ 运输能力

A330-200F是目前唯一一种新推出的中型货机，在选用"航程模式"时，航程可达7400千米，可以运载69吨货物。在选用"业载模式"时，可以运载70吨货物，航程可达5930千米。与竞争机型相比，A330-200F拥有更好的布局灵活性，航程更远，运载货物更多。

空客 A330-200F 货机后侧方特写

正在飞行的空客 A330-200F 货机

空客A330-200F采用带翼翘的后掠式下单翼，后掠式垂直尾翼和下置水平尾翼。

空客 A330-200F 货机上方视角

欧洲空中客车 A330-700L 货机

A330-700L"超级大白鲸"飞机是由空中客车公司设计的一款特殊用途货机。

研发历史

A330-700L是以A330-200型客机为基础开发而成并作为A300-600ST"大白鲸"的后续机种。该机设计计划于2016年9月16日对外公布,第一架A330-700L"超级大白鲸"在无涂装以及无挂载发动机的状态下,于2018年1月4日离开组装线。2018年6月初通过地面振动测试,第一架飞机于2018年7月19日进行首次试飞,2020年1月9日开始运营飞行。

基本参数	
机长	63.1 米
机高	18.9 米
翼展	60.3 米
空重	127 500 千克
最高速度	737 千米 / 时
最大航程	4300 千米

A330-700L 货机上方视角

机体构造

　　与A300-600ST"大白鲸"一样，A330-700L"超级大白鲸"也拥有巨大的机身上半部与造型独特的机首驾驶舱。A330-700L比A300-600ST能够多承载4吨有效载荷。因为重心设计，该机的前段机身基于A330-200，而后段则基于A330-300，并采用A330-200F型货机的加强型地板及结构。在上下半部接合处，使用了8000个新部件，此部分于3个月之内安装完成。该机的垂直尾翼增大了50%，并于水平尾翼末端增加两片垂直小翼，以及在机尾下方的机腹加装两片腹翼。

A330-700L 货机正在降落

动力装置

A330-700L "超级大白鲸" 采用两台罗尔斯·罗伊斯遄达700发动机，单台推力316千牛。最大起飞重量达到227 000千克。

高空飞行的 A330-700L 货机

运输能力

不同于传统货机，A330-700L的主要功能是载运半成品的客机。该机运输能力相比A300-600ST提升了约30%，可以1次性运输一对空客A350机翼，而A300-600ST只能1次运1个机翼。由于是在A330-200货机基础上研发，其设备及零件通用性较高，因此研发成本也比单独开发新款货机大幅降低。

A330-700L 货机正在装运货物

A330-700L采用大型货机常用的掀罩式机首，机身前上部凸出。经过涂装后，外形像1只微笑的大白鲸。

A330-700L 货机后侧方特写

Chapter 4
公务机

　　公务机是在行政事务和商务活动中用作交通工具的飞机，也称行政机或商务飞机。公务机一般为9吨以下的小型飞机，可乘坐4~10人。

美国豪客 800 公务机

豪客800公务机是美国豪客比奇公司生产的中型喷气式公务机。

研发历史

豪客800公务机的诞生可以追溯到英国德·哈维兰公司研制的德·哈维兰125型公务机。英国宇航公司对其进行了改进，并更名为BAe 125-700公务机。之后，又推出了BAe 125-800公务机。1993年，英国宇航公司将喷气式公务机部门出售给美国雷神飞机公司，BAe 125-800公务机更名为豪客800公务机。

基本参数	
机长	15.6 米
机高	5.5 米
翼展	16.5 米
空重	7108 千克
最高速度	830 千米 / 时
最大航程	4893 千米

2007年3月，雷神飞机公司被高盛资本收购，更名为豪客比奇公司。自此，豪客800系列公务机改由豪客比奇公司生产。该机有豪客800、豪客800XP、豪客800XPi、豪客850XP和豪客900XP等多种型号。

豪客 800 公务机在夜间起降

机体构造

　　豪客800公务机具有传统的飞机外形，机身、机翼及飞行控制面板都在英国制造，再运送至豪客比奇飞机公司在美国堪萨斯州威奇托的工厂进行总装、内装、试飞及交机。该机的客舱长6.5米、宽1.83米、高1.75米，内饰较为精美，座椅舒适度较高。豪客800公务机配备了双轮胎起落架，可提供更高的稳定性。

豪客 800 公务机的客舱

动力装置

豪客800公务机装有两台霍尼韦尔TFE731-5BR型涡轮风扇发动机，单台最大推力为20.7千牛。在最大起飞重量、海平面、标准大气压条件下，起飞距离为1534米。1993年，非洲有1架豪客800公务机被导弹击中右侧发动机，造成发动机在空中脱落，飞机的机身及襟翼同时被机枪扫射，但飞机最后仍安全降落。当时雷神飞机公司曾将这起航空意外事故作为豪客800公务机的宣传例证。

豪客 800 公务机在降落

豪客 800 公务机在低空飞行

运输能力

豪客800公务机具有传统豪客飞机"满油、满座、满载"的能力，在典型的乘客/行李负荷下，有着较高的航程和较大的商载。该机有2名机组人员，正常情况下搭载8名乘客，特殊情况下最多可搭载13名乘客。该机的客舱容量较大，这意味着乘客有更多的头部和脚部空间。

豪客800公务机侧面视角

10 秒速识

豪客800公务机采用下单翼和单垂尾布局，配备翼尖小翼。机身中部两侧设有舷窗，机身后部两侧各有1台喷气式发动机。

豪客 800 公务机侧后方仰视图

美国豪客 4000 公务机

豪客4000公务机是美国豪客比奇公司研制的一款超中型喷气式公务机，是豪客系列公务机的旗舰机型。

研发历史

豪客4000公务机原名"豪客地平线"，2001年首次试飞。该机以先进的后掠翼设计、复合材料机身和划时代的航空电子设备，在公务机领域确立了一种全新的"超中型"级别。2008年6月6日，豪客4000公务机取得美国联邦航空局合格证，成为世界上第

基本参数	
机长	21.08 米
机高	5.97 米
翼展	18.82 米
空重	10 104 千克
最高速度	893 千米 / 时
最大航程	6100 千米

1架取得美国联邦航空局合格证的复合材料超中型公务机。2008年9月，因其卓越的性能和悠久的品牌，豪客4000公务机被美国《罗博报告》杂志评为年度"极品之选"品牌之一。

豪客4000公务机准备降落

机体构造

　　豪客4000公务机的机身采用全复合材料，这种材料比铝合金重量更轻，强度更高，并具有出色的空气动力特性，以及高度抗疲劳和抗腐蚀性。该机的客舱高1.83米、宽1.97米。平整的地板贯穿于整个客舱，通向容积为2.51立方米的行李舱，行李舱在飞行中和在地面上均可自由出入。豪客4000公务机采用标准的8座布局，配置了真皮行政座椅。客舱内饰基于广泛的装饰材料，完全可以根据客户个性化要求安排装饰。

豪客 4000 公务机的客舱

电子设备

豪客4000公务机的驾驶舱采用完整的霍尼韦尔"普里默斯"系统，该系统是在与波音777客机相同的先进航空电子系统基础上发展而来的，带有数字CNS无线电系统和5面高清液晶显示屏。该机还有改进的态势感知系统和飞行管理系统，并由实时监控系统支持。

豪客4000公务机前方仰视图

动力装置

豪客4000公务机装有两台普惠加拿大公司的PW308A涡轮风扇发动机，这种发动机可靠耐用，即使在高速巡航时也能安全运转。在最大起飞重量条件下，豪客4000公务机可以在20分钟内从海平面直接爬升至12497米高度。

豪客4000公务机侧面视角

▧▧▧ ★ ⟩ 运输能力

豪客4000公务机有2名机组人员，正常情况下可以搭载8名乘客，特殊情况下最多可搭载14名乘客。该机搭载8名乘客时最大航程可达6100千米，由于装备了双套惯性导航系统、双套空气循环机和液压驱动的备用发电机，非常适合进行长航程的本土和洲际旅行。豪客4000公务机不仅飞行速度快，还拥有领先于同级别飞机的跑道性能。在海平面及国际标准大气条件下以最大起飞重量17000千克起飞时，豪客4000公务机对跑道长度的要求仅为1374米。如需短距着陆，跑道长度仅为762米。

豪客 4000 公务机起飞瞬间

▧▧▧ ★ ⟩ 10 秒速识

豪客4000公务机采用后掠式下单翼和单垂尾布局，机身中部两侧设有舷窗，机身后部两侧各有1台喷气式发动机。

豪客 4000 公务机侧面仰视图

美国湾流 G280 公务机

湾流G280公务机是美国湾流飞机公司生产的超中型喷气式公务机。

基本参数	
机长	20.3 米
机高	6.5 米
翼展	19.2 米
空重	10 954 千克
最高速度	1029 千米/时
最大航程	6667 千米

研发历史

　　湾流G280公务机是湾流G200公务机的改进型，该机继承了湾流公务机的良好传统，集优越的性能、舒适度、安全性和性价比于一身。湾流G280公务机最初称为湾流G250公务机，湾流飞机公司于2008年10月正式对外公布研发计划，原型机于2009年12月首次试飞。2011年7月，更名为湾流G280公务机。2012年9月，湾流G280公务机取得美国联邦航空局合格证。

更名前的湾流G280公务机

机体构造

　　湾流G280公务机在湾流G200公务机的基础上进行了较大的改进，开始采用湾流机型常见的T形尾翼，加大、加宽机身，改善客舱舒适度，并选用高性能涡轮风扇发动机。湾流G280公务机配备了带有真空功能的洗手间，这不仅可减少水资源的浪费，还能大幅度降低异味。

湾流G280公务机前方仰视图

电子设备

湾流G280公务机配备了PlaneView 250驾驶舱，驾驶舱内管理系统性能卓越，湾流标志性的光标控制配件等配置大大加强了飞行员和飞机上电子设备的互动效率，并降低了飞行员的工作量。此外，湾流G280公务机还提供了数个先进航电系统选项。其中增强视觉系统能精准地捕捉飞机周围环境的图片，使飞行员能在夜间甚至在天气恶劣的环境下清晰地辨别跑道上的标识、指示牌和复杂的地形，从而有效地确保了起飞和着陆的安全性和准确性。

湾流 G280 公务机侧前方视角

动力装置

湾流G280公务机安装有两台推力强大的霍尼韦尔HTF7250G型涡轮风扇发动机，并在机翼设计上采用了最先进的技术，大幅度提高了飞机的爬升能力。在最大起飞重量条件下，湾流G280公务机可以在20分钟内直接爬升至12496米的高度。超强的配置还可以让湾流G280公务机在恶劣的气候条件下起飞。

湾流 G280 公务机在低空飞行

▶ 运输能力

　　湾流G280公务机的客舱空间较大，有公务8人、大众9人和经典10人3种布局方式。舱内的空气净化系统能为乘客带来新鲜的空气，而19扇大型舷窗能为乘客的舱内办公和休闲带来充足的阳光。

湾流 G280 公务机的客舱

▶ 10 秒速识

　　湾流G280公务机采用下单翼和T形尾翼，舱门在机身前部左侧。机身左侧有9个舷窗，右侧有10个舷窗。机身后部两侧各装置1台喷气式发动机。

湾流 G280 公务机起飞瞬间

美国湾流 G550 公务机

湾流G550飞机是美国湾流飞机公司生产的双发超远程公务机。

研发历史

2003年，美国湾流飞机公司正式将其最新研制的湾流G550推向市场。截至2016年1月，已有450架湾流G550系列的飞机投入营运。除各大公务机公司及私人购买外，湾流G550还有庞大的军方用户。

高空飞行的湾流 G550 公务机

基本参数	
机长	29.39 米
机高	7.87 米
翼展	28.5 米
空重	21 909 千克
最高速度	941 千米 / 时
最大航程	12 500 千米

机体构造

普通飞机的客舱增压系统能让舱内的气压保持在海拔2400米的水平，而湾流G550公务机可以保持在海拔1800米的水平，因此旅行会更舒适。湾流飞机公司允许机主亲自参与机舱内部的设计，并且有12种舱内布局方案可以满足客户的不同需求。

湾流 G550 公务机前侧方特写

电子设备

湾流G550的驾驶舱配备了4块霍尼韦尔公司DU-1310 EFIS显示屏，三项同步飞行管理系统和湾流飞机公司标志性的光标控制配件都大大增强了飞行员和飞机上电子设备的互动效率。增强型视景系统能精准捕捉飞机周围环境的图片，使飞行员能在

湾流 G550 公务机的驾驶舱

夜间甚至是天气恶劣的环境下清晰辨别跑道上的标识、指示牌和复杂的地形，从而有效地确保了起飞和着陆的安全性和准确性。

动力装置

　　湾流G550采用两台罗尔斯·罗伊斯 BR710 涡轮发动机，单台推力68.44千牛。能够在复杂地形和恶劣的气候条件下实现精准的进近和起飞操作。

湾流 G550 公务机侧方特写

运输能力

　　湾流G550是世界远程喷气式公务机代表机型之一，最多能载19名乘客，其客舱内部的长度为15.27米，宽度为2.24米，高度为1.88米。客舱内有19个座位，分为4个区。在机头或者机尾处可装上厨房和卫生间。行李舱的空间为6.4立方米。该机能轻易克服高海拔、大风等不良因素，且具备远距离洲际飞行能力，最大航程达到12500千米。

湾流 G550 公务机的客舱

10 秒速识

湾流G550有七对窗户，窗户为椭圆形，右侧的流通阀为方形。

湾流 G550 公务机前方特写

美国湾流 G650 公务机

湾流G650公务机是美国湾流飞机公司生产的喷气式公务机。

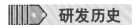
研发历史

　　湾流飞机公司于2005年5月启动湾流G650公务机的研制计划，2008年3月首次向公众披露，并在媒体会上称湾流G650公务机是湾流飞机公司最大、最快也是最贵的公务机。2009年11月25日，湾流G650公务机首次试飞。2011年4月，1架湾流G650公务机在测

基本参数	
机长	30.41 米
机高	7.72 米
翼展	30.36 米
空重	27 442 千克
最高速度	982 千米／时
最大航程	12 960 千米

试中坠毁，因而所有湾流G650公务机被迫停飞。直至同年5月28日，结果查明并非飞机本身原因导致飞机坠毁才又开放测试。2012年9月，湾流G650公务机得到了美国联邦航空管理局签发的飞行许可。

湾流G650公务机左侧视角

机体构造

　　为了使内部空间更为充裕，湾流飞机公司将湾流G650公务机的机身截面设计成椭圆形，而非传统的圆形。其客舱宽约2.59米，高约1.96米，两侧共有16个舷窗。机舱由金属制造，而尾翼、翼梢小翼、后压力舱壁、发动机整流罩、客舱地板结构则大量采用复合材料制造。湾流G650公务机完全采用线传飞控系统，所以在驾驶舱到机翼、尾翼之间没有机械控制装置，而机身各个活动的部件由两套独立的液压系统控制。

湾流G650公务机在高空飞行

电子设备

湾流G650公务机配备了增强视觉系统、平视显示系统、合成视觉主飞行显示器、三层式飞行管理系统和三维天气雷达等先进的电子设备，提高了飞机的安全性。

湾流 G650 公务机的驾驶舱

动力装置

湾流G650公务机安装有2台罗尔斯·罗伊斯BR725涡轮风扇发动机，单台最大推力为71.6千牛。该机的飞行速度和航程在同级别飞机中名列前茅，能够从芝加哥直飞上海，从洛杉矶直飞悉尼，或者从纽约直飞迪拜而途中不需要降落加油。此外，该机的重量较轻，能避开繁忙的大型机场，在小型机场降落，从而节约客户的时间。

湾流 G650 公务机在低空飞行

运输能力

湾流G650公务机有2名机组人员，客舱空间比同类飞机更长、更宽，可同时容纳18名乘客。该机配备了厨房和独立通风的洗手间，舱内气压适宜，即使在高空，乘客感觉也会相当舒适。湾流G650公务机还有多种娱乐设计，包括卫星电话、无线互联网等，为乘客营造出丰富多彩的飞行环境。

湾流 G650 公务机的客舱

湾流G650公务机采用悬臂式下单翼和悬臂式尾翼，主翼带有翼梢小翼，平尾布置在垂尾上部。机身较宽，两台喷气式发动机分布在机身尾部。

湾流 G650 公务机侧面视角

美国塞斯纳 421 公务机

基本参数	
机长	11.09 米
机高	3.49 米
翼展	12.53 米
空重	2042 千克
最高速度	474 千米 / 时
最大航程	2754 千米

塞斯纳421飞机是美国塞斯纳飞机公司设计的双发公务机。

研发历史

塞斯纳421的原型机诞生于20世纪50年代，第一架于1965年10月14日开始首飞，1967 年 5 月开始量产，在第一年就销售200架。1969年，塞斯纳421在设计上进行了一些改进，改进后的机型被重新命名为塞斯纳421A。之后更是衍生出塞斯纳421B、塞斯纳421C等型号。在交付了 1901 架飞机后，塞斯纳421飞机于1985 年停止生产。

塞斯纳 421 公务机在高空飞行

机体构造

赛斯纳421的机头非常长，长度超过两米，除了可以轻松地容纳前起落架，也可以在位于机头的行李舱中容纳更多的行李。驾驶舱风挡为多扇式，多条支柱将风挡分开，在A柱附近形成了1个独特的三角形舷窗，方便飞行员进行降落。该机的垂尾非常有特点，采用了20世纪50年代流行的边条翼设计。垂直尾翼边条从机身中部以小角度出现，到垂尾中部，翼形角度陡然增加，但后掠依然非常明显。赛斯纳421采用了前三点可收放式起落架，前起落架位于机头前部，向后收起在长长的机头内，后起落架位于机翼下，向内侧收起。不过不同于其他公务机，赛斯纳421的后起落架整流罩没有安装在机身上，而是固定在起落架上，这样的设计减少了飞机的活动部件，提高了安全性。

塞斯纳 421 公务机前侧方特写

电子设备

赛斯纳421虽然采用了现代化的液晶显示屏，但仍然装备了大量的飞行仪表以及数十个各具功能的开关。它的重要数据都显示在液晶显示屏上，大多数开关，只在启动飞机以及飞机起降时才会使用。

塞斯纳 421 公务机的驾驶舱

动力装置

　　塞斯纳421 采用两台GTSIO-520-L活塞发动机，气缸以V形排列，单台发动机最高功率375千瓦。在螺旋桨的选择上，赛斯纳421使用了三叶变矩螺旋桨，通过改变桨叶的迎风角度来控制发动机的动力输出。

塞斯纳 421 公务机后侧方特写

运输能力

塞斯纳421可容纳 6 名乘客，后续型号最多可容纳 10 人，客舱内空间与商务车类似，装饰也比较简单。简单的内饰虽然降低了乘客的舒适性，但可以通过快速拆卸座椅，使该机灵活地执行运输、救援、航拍等其他任务。

塞斯纳 421 公务机的客舱

10 秒速识

塞斯纳421的主机翼下置，翼形为平直翼，水平尾翼与主翼的形状相似，但带有明显的上反角。该机最明显的辨认特征则是它的垂尾面积非常大。

塞斯纳 421 公务机前方特写

美国塞斯纳奖状"野马"公务机

奖状"野马"飞机是美国塞斯纳飞机公司设计并生产的双发公务机。

研发历史

奖状"野马"于2005年4月23日首飞，2006年9月8日获得美国联邦航空管理局的型号认证，11月9日获得认证可飞入"已知结冰条件"的区域。2005年4月23日进行首次飞行，首架奖状"野马"在2006年11月23日交付使用。

基本参数	
机长	12.37 米
机高	4.09 米
翼展	13.16 米
空重	2540 千克
最高速度	777 千米 / 时
最大航程	2161 千米

奖状"野马"公务机前侧方特写

机体构造

　　奖状"野马"采用流线型机身，下单翼设计。机翼前缘后掠11°，机翼后缘后掠3°。发动机安装在机身后部两侧偏上。采用前三点可收放起落架，拖尾式连结的主着陆机轮起飞后收回机翼，机头前轮起飞后向前收入机身。

高空飞行的奖状"野马"公务机

电子设备

　　奖状"野马"装有佳明 G1000 先进的航空电子仪表系统，左右各1块PFD（主飞行显示）和中间1块MFD（多功能显示）大屏幕AMLCD（活动阵列液晶显示），所有飞行、导航、通信、环境、警告提醒、发动机状况以及飞机本身各系统工作情况等信息都能清楚地显示在这3块高分辨率、高亮度彩色屏幕上。

奖状"野马"公务机的驾驶舱

动力装置

奖状"野马"配备两台普惠加拿大公司PW615F涡扇发动机，每台发动机都带有双通道FADEC（全权数字化发动机控制）。在各飞行阶段设定发动机推力后，飞机可以自动控制增减燃油流量，尤其在起飞阶段，这既减轻了飞行员的工作强度，又保证了飞行安全，还大大提高了燃油效率。

奖状"野马"公务机侧方特写

运输能力

奖状"野马"测试飞行超过2200小时，结果表明该飞机机身大大超出使用寿命要求，完全可以满足现代航空法规对商业运营喷气公务机在设计、配置和制造方面的安全保证要求，所有性能数据都可满足或超过原设计指标。该机客舱内装备一应俱全：正副驾驶舱、4个VIP俱乐部方式排列可调整旅客座椅、可收放小桌板、特殊情况氧气系统、冰抽屉、储物箱、厕所等，前后都有12V直流电源接口，方便旅客使用；宽敞的旅客登机门、应急出口、还有飞机前部和后部两个总计1.61立方米的非增压分离行李舱。后行李舱不仅可放行李箱，还可放如高尔夫球竿、滑雪撬等物品。

奖状"野马"公务机的客舱

▌▌▌▶ ⭐ 10 秒速识

奖状"野马"有T形尾翼，高耸的垂直尾翼托举着两副后掠的水平尾翼。客舱两侧各3个椭圆形窗口。

奖状"野马"公务机侧下方特写

法国猎鹰 900 公务机

　　猎鹰900公务机是法国达索公司研制的一款公务机，其设计源自于猎鹰50公务机。

研发历史

　　1983年5月，法国达索公司在巴黎航展宣布要改进猎鹰50公务机，改进后的机型被命名为猎鹰900公务机。1984年9月21日，猎鹰900公务机首次试飞，1986年3月获得法国和美国的适航证书，于1986年12月开始交付使用。

基本参数	
机长	20.21 米
机高	7.55 米
翼展	19.33 米
空重	10 255 千克
最高速度	1066 千米 / 时
最大航程	7400 千米

猎鹰900公务机右侧视角

机体构造

相比猎鹰50公务机，猎鹰900公务机的主要改进是增大了机身尺寸和最大航程。猎鹰900公务机在研制过程中应用了计算机辅助设计与制造技术，机身为全金属半硬壳式结构，大量采用碳纤维和"凯芙拉"复合材料。机翼采用悬臂式下单翼，常规轻合金双梁抗扭盒形结构。手操纵全翼展前缘缝翼，液压操纵双缝式碳纤维襟翼和副翼，两侧机翼的襟翼前均有3块减速板，玻璃钢翼尖整流罩，前缘由发动机引气防冰。尾翼为悬臂式结构，平尾安装在垂尾中部，带下反角。方向舵下部的垂尾后缘部分及机身尾锥由芳纶材料制成，其余部件为全金属结构。

猎鹰900公务机仰视图

电子设备

猎鹰900公务机配备了先进的EASy飞航控制系统、霍尼韦尔"普里默斯"航空电子系统和自动油门，并可选装抬头动态航机导引系统。

猎鹰 900 公务机的驾驶舱

动力装置

猎鹰900公务机装有3台霍尼韦尔TFE731-5BR-1C涡轮风扇发动机，单台最大推力为21.13千牛，每台发动机还有5.5%附加推力用于提高飞机性能。

猎鹰 900 公务机右侧视角

运输能力

猎鹰900公务机有2名机组人员，客舱最多可以搭载19名乘客。该机具有7400千米的续航能力，可从纽约直飞莫斯科，从利雅得直飞北京，从东京直飞西雅图。

猎鹰 900 公务机的舱门

10 秒速识

　　猎鹰900公务机采用后掠式下单翼，翼型为梯形。两台发动机安装在机身后部两侧，另一台发动机安装在垂直尾翼底部。机身两侧各有12个舷窗。

猎鹰 900 公务机侧后方视角

法国猎鹰 2000 公务机

猎鹰2000公务机是法国达索公司制造的一款双发远程宽体公务机。

 研发历史

1989年6月，法国达索公司在巴黎航展宣布了"猎鹰X"公务机的研制计划，用于取代猎鹰20/200公务机。1990年10月，该计划正式启动，首款新型飞机被命名为猎鹰2000公务机。该机于1993年4月首次试飞，1995年3月正式投入运营。除了基本生产型，猎鹰2000公务机还有两种衍生型，即猎鹰2000DX公务机，减少载油量，缩短了航程；猎鹰2000EX公务机，增大了航程，装备了新型PW308C型涡轮风扇发动机和航空电子设备。

基本参数	
机长	20.2 米
机高	7.06 米
翼展	21.4 米
空重	9405 千克
最高速度	1041 千米 / 时
最大航程	6020 千米

猎鹰2000公务机在高空飞行

✦ 机体构造

　　猎鹰2000公务机采用猎鹰900公务机的前机身和机翼结构，与后者相比，猎鹰2000公务机在外观上最明显的改变是增大了机身后部的面积。机舱内部也有一系列的改进，包括使用更好的隔音材料将噪声降低2个分贝。

猎鹰 2000 公务机侧后方视角

电子设备

　　猎鹰2000公务机配备罗克韦尔·科林斯公司的机舱控制系统，包括一台22英寸的高清显示器，采用苹果公司的iOS设备可以在飞机的任何地方对其功能进行无线控制。同时，还有1个专门的应用程序，方便乘客选择娱乐方式、窗帘、灯光和温度。

猎鹰2000公务机的驾驶舱

动力装置

　　猎鹰2000公务机最初装有两台霍尼韦尔TFE731型涡轮风扇发动机，后来换装了普惠加拿大公司的PW308C型涡轮风扇发动机，单台最大推力为68.6千牛。该机配备了"塔隆Ⅱ"燃烧器，可在无任何功率损失的前提下使氮氧化物的排放减少20%。

停机坪上的猎鹰2000公务机

运输能力

　　猎鹰2000公务机的客舱长7.98米、宽2.34米、高1.88米，非常方便乘客进行快捷的短途旅行。该机有2名机组人员，最多可以搭载10名乘客。在燃料充足的情况下，猎鹰2000公务机的最大航程超过6000千米，可从纽约直飞安克雷奇、从新加坡直飞迪拜，从北京直飞孟买。

猎鹰 2000 公务机的客舱

10 秒速识

　　猎鹰2000公务机采用后掠式下单翼，中置水平尾翼，机身后部两侧安装两台涡轮风扇发动机，机身两侧各有10个舷窗。

猎鹰 2000 公务机左侧视角

法国猎鹰 7X 公务机

　　猎鹰7X公务机是法国达索飞机公司制造的一款喷气式公务机。

研发历史

猎鹰7X公务机作为"猎鹰"系列公务机的旗舰机型，毫无疑问地成为达索公司的巅峰之作。该机于2005年5月首次试飞，2007年获得美国联邦航空局和欧洲航空安全局双重认证，同年开始交付使用。截至2020年，已经有289架猎鹰7X公务机投入运营。

基本参数	
机长	23.19 米
机高	7.86 米
翼展	26.21 米
空重	15 456 千克
最高速度	953 千米 / 时
最大航程	11 000 千米

猎鹰7X公务机前方视角

机体构造

猎鹰7X公务机的内饰设计非常优秀，先进的静音技术使客舱的噪声始终保持在50分贝以下。这项尖端技术的首次应用大幅提高了乘坐舒适度和愉悦感。先进的温度检测系统令整个客舱内温度始终维持在乘客需要的温度，使每个乘客倍感舒适。该机可根据客户的需求定制客舱，座椅布局和内饰均有多种选择供客户挑选。猎鹰7X公务机的多媒体配置非常丰富，电脑、传真机、电话、复印机、录像显示器和会议设备使每位乘客无论是进行商务活动还是娱乐消遣都能得心应手。

低空飞行的猎鹰7X公务机

电子设备

猎鹰7X公务机配备了EASy飞航控制系统，4台14.1英寸平面显示屏使飞行员以805千米/时飞行时需要了解的一切信息尽在眼前：数据、仪表、系统、航空电子功能、地图和天气都可一目了然。飞行员可以在平视状态下顺利完成各项工作，根据需求选择显示图标或菜单，并通过点击轨迹球轻松地进行操作控制，感官能力得到显著加强。猎鹰7X公务机安装有数码飞行控制系统，使航道控制更为精准。

猎鹰 7X 公务机左侧视角

动力装置

猎鹰7X公务机安装有3台普惠加拿大公司PW307A型涡轮风扇发动机，单台最大推力为28.48千牛。这种发动机在很多大型公务机中已经被广泛使用，获得了业内广泛的好评，其可靠性和耐用性极为出色，使猎鹰7X公务机在7200飞行小时内不需要大修。

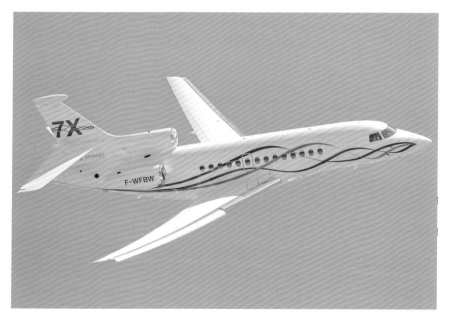

猎鹰7X公务机右侧视角

运输能力

猎鹰7X公务机有3名机组人员，最多可搭载16名乘客。该机的设计航程达11000千米，可以轻松把世界任何两座城市联系在一起，如北京到巴黎、上海到西雅图、成都到吉达。在标准载重量下，猎鹰7X公务机仅需要630米的跑道距离就可以安全着陆。它也因此可以使用全球数百个其他喷气式飞机所不能停靠的机场，即使在高原、高温及对噪声要求限制苛刻的机场仍旧能够通行自如。

猎鹰 7X 公务机的客舱

10 秒速识

　　猎鹰7X公务机采用后掠式下单翼和后掠式中置水平尾翼，两台发动机安装在机身后部两侧的发动机舱内，另一台发动机居中安装在机身上方、垂直尾翼前方。

猎鹰 7X 公务机侧前方视角

加拿大挑战者 850 公务机

　　挑战者850公务机是加拿大庞巴迪宇航公司研制的一款中型喷气式公务机。

研发历史

　　庞巴迪宇航公司是世界知名的公务机生产商,"挑战者"系列公务机代表了庞巴迪宇航公司最高的技术水平,其中以挑战者850公务机最为出色。该机由庞巴迪宇航公司的支线飞机CRJ200改进而成,它采用了支线飞机宽敞的机舱和翼展设计方式,融合

基本参数	
机长	26.77 米
机高	6.22 米
翼展	21.21 米
空重	15 440 千克
最高速度	1041 千米 / 时
最大航程	5206 千米

了大客舱公务机的舒适性和灵活性的特点,于2003年更名为挑战者850公务机。2006年8月,挑战者850公务机首次试飞,同年开始批量生产。

挑战者850公务机侧前方视角

机体构造

挑战者850公务机在其支线飞机前身的基础上进行了多处改进，提高了飞机的可靠性和飞行性能。这些措施包括改进了刹车系统、计算机控制飞行系统，并重新设计了机体。挑战者850公务机可以比其前身支线飞机多携带1814千克燃料，且增加了有效载荷、航程和起飞重量。

挑战者 850 公务机左侧视角

电子设备

挑战者850公务机
的驾驶舱配备了柯林斯
ProLine 4航空电子系统、
惯性导航系统、防撞系
统、地面迫近警告系统和
WXR-840彩色气象雷达
等电子设备。

挑战者850公务机的驾驶舱

动力装置

挑战者850公务机装有两台通用电气公司CF34-3B1涡轮风扇发动机，单台最大推力为41千牛。该机搭载8名乘客时的直飞航程为5206千米，可直飞纽约至柏林、伦敦至吉达、新加坡至上海等航线。与"环球快车"系列公务机相比，挑战者850公务机虽然在飞行高度和速度方面略逊一筹，但具有极强的价格优势。

挑战者850公务机起飞瞬间

▌▌▌▌▷ 运输能力

挑战者850公务机的客舱最多可以配置14个乘客座椅，其标准的座椅配置是12座。座椅都采用真皮材质，而座椅设置也十分人性化，除了单个座椅外，还有可以供多人坐的沙发。客舱通常可分为3个独立的区域，客户可以定制个性化的客舱设施，如果把座椅数设定在7～10个，可以把多出的空间改为酒吧、套房或者办公区，甚至健身房也能定制到飞机上。舱内有盥洗室，以及配有微波炉、烤箱和冰箱的厨房。

挑战者 850 公务机的客舱

▌▌▌▌▷ 10 秒速识

挑战者850公务机采用下单翼和T形尾翼，机身左侧有13个舷窗，右侧有12个舷窗。

挑战者 850 公务机侧后方仰视图

加拿大环球 5000 公务机

环球5000公务机是加拿大庞巴迪宇航公司研制的一款超远程喷气式公务机。

245

ⅢⅢ⤷ 研发历史

　　环球5000公务机研制计划最早在2001年10月25日对外公开，次年2月5日在获得15架的意向订单之后正式启动。首架环球5000于2003年3月7日首飞。2003年6月在巴黎航展上首次亮相。

基本参数	
机长	29.5 米
机高	7.8 米
翼展	28.7 米
空重	26 308 千克
最高速度	950 千米 / 时
最大航程	9360 千米

高空飞行的环球 5000 公务机

ⅢⅢ⤷ 机体构造

　　环球5000外部机身长度为29.5米，宽度为28.7米，高度为7.8米。该机借鉴了庞巴迪环球系列公务机成功的经验并符合其严格的认证标准，机舱布局设计精致而华丽，宽敞的机舱内电话、网络、传真等设备一应俱全。舒适及人性化的舱内设施不仅考虑到公务机的需求，更提供了极佳的办公及娱乐环境。

环球 5000 公务机前方特写

⬗ 电子设备

环球5000采用霍尼韦尔公司的Primus 2000XP航电套件，里面包含TCAS 2000，EGPWS，GPS和中央飞机信息维护系统。除此之外，还配备了罗克韦尔·柯林斯客舱电子系统（CES），基于此乘坐环球5000的乘客可以通过互联网，卫星电视和电话与外界交流。

环球 5000 公务机的驾驶舱

⬗ 动力装置

环球5000采用两台罗尔斯·罗伊斯 BR710A2-20涡扇发动机，单台推力65.5千牛。其最短的起飞距离为1689千米。与庞巴迪环球快车系列相比，环球5000移除了尾部油箱并限制了机翼油箱载油量。

环球 5000 公务机后侧方特写

★ 运输能力

在同级别的公务喷气式公务机中，环球5000无论在飞机性能以及机舱的舒适性方面，均有其独到之处。该机拥有极佳的高速巡航特性，最远航程可达9360千米，可实现跨洲飞行。环球5000最多可以乘坐17名乘客。客舱中供乘客休息和会餐的区域有3个，一个是有四个单人沙发的区域，一个是有餐桌可以开会和会餐的区域，还有一个区域里面配备1张长沙发，当乘客想睡觉休息的时候可以将其变为单人床。

环球 5000 公务机的客舱

★ 10 秒速识

环球5000比环球快车机身缩短了0.813米，无尾部油箱。

环球 5000 公务机正在起飞

加拿大环球 7000 公务机

环球7000公务机是加拿大庞巴迪宇航公司研制的一款大型喷气式公务机。

研发历史

环球7000公务机项目于2010年启动，按照原计划，这架航程超过13000千米的喷气式公务机应在2016年交付使用。但基于公司层面的一些因素，庞巴迪宇航公司宣布环球7000公务机推迟两年交付，交付时间推迟到2018年12月20日。

基本参数	
机长	33.9 米
机高	8.2 米
翼展	31.7 米
空重	25 764 千克
最高速度	982 千米 / 时
最大航程	13 705 千米

环球7000公务机在高空飞行

机体构造

环球7000公务机不仅拥有开放性的公共空间，在四舱格局的机身后部也保留了安静的私密空间，并在设计中考虑了与其他区域的连通性。该机的卧室、客厅、餐厅和厨房均采用了不同的装饰风格。客户可以根据自己的需要对飞机内部布局与装饰进行个性化的订制。环球7000公务机的舷窗面积较大，为客舱引入更多自然光线，还拥有领先的庞巴迪视景驾驶舱。该机的窗户可根据座位的不同对自然光进行优化，具有优质的观景角度范围。所有4个休息区里，每个区域配有6个窗户，都可根据不同的座位来合理调整。

环球7000公务机侧后方视角

电子设备

环球7000公务机的驾驶舱配备了ProLine Fusion综合航电设备，该航电设备已配备服役机型环球5000和环球6000，技术已较为成熟。

环球 7000 公务机准备降落

动力装置

环球7000公务机装有两台通用电气公司"护照"涡轮风扇发动机，单台最大推力为73.4千牛。这种发动机是CF34涡轮风扇发动机的升级型，增加了几项关键技术，其中最重要的是采用了直径1.32米的整体叶盘。整体叶盘是航空发动机的一种新型结构部件，其特点是将风扇叶片和转子固定在一起，使发动机转子部件的结构大为简化，体积减小，允许更多的空气进入发动机，提高了发动机的燃油效率。

环球7000公务机左侧视角

运输能力

环球7000公务机采用宽敞的四舱布局，为大型公务飞机开创了一个新的类别。该机拥有74.67立方米的客舱容积，凭借包括私人休息室在内的4个独立起居空间，它将为乘客提供宾至如归的工作、美食、睡眠、休闲和放松的环境。环球7000公务机的航程达到13705千米，可从北京直飞约翰内斯堡，从上海直飞纽约，从纽约直飞迪拜。

环球 7000 公务机的客舱

环球7000公务机采用下单翼和T形尾翼，机身左侧有14个舷窗，右侧有16个舷窗。

环球 7000 公务机仰视图

巴西莱格赛 650 公务机

　　莱格赛650公务机是巴西航空工业公司设计和生产的一款大型喷气式公务机。

研发历史

　　巴西航空工业公司主要瞄准商用、军用和公务机领域中具有高度增长潜力的特定市场，已经发展成为世界上最大的飞机制造商之一。莱格赛650公务机作为巴西航空工业公司旗下公务机的主力机型，是一款远程跨洲飞行的公务机。2012年，首架莱格赛650公务机交付于中国影星成龙，并邀请成龙作为巴西公务机的形象代言人。

基本参数	
机长	26.33 米
机高	6.76 米
翼展	21.17 米
空重	14 160 千克
最高速度	850 千米 / 时
最大航程	7223 千米

莱格赛650公务机左侧视角

机体构造

　　莱格赛650公务机的客舱采用顶级内饰布置，内设真皮座椅、沙发椅、文件柜和用餐会议两用桌。该机还配有1间可准备冷热餐的宽敞厨房，1间位于后舱的盥洗室，以及衣柜、储藏间等。此外，还配有1套配备了DVD播放机和卫星通信设备的娱乐系统。莱格赛650公务机的行李舱空间较大，在飞行途中可轻松进出。

莱格赛650公务机右侧视角

电子设备

　　莱格赛650公务机配备了霍尼韦尔"普里默斯"航空电子系统，驾驶舱使用了升级版的图形用户界面。这种界面不仅可以减轻飞行员的工作负荷，还有利于飞行员更明智、更快速地作出决定。"普里默斯"航空电子系统还为霍尼韦尔已经获奖的"合成视景系统"提供了升级空间。

莱格赛 650 公务机的驾驶舱

动力装置

　　莱格赛650公务机安装有两台罗尔斯·罗伊斯AE 3007A2型发动机，单台最大推力为40.1千牛。

莱格赛 650 公务机在高空飞行

运输能力

　　莱格赛650公务机配有2名机组人员，客舱最多可搭载14名乘客。在搭载8名乘客时，该机的航程超过7000千米，可从伦敦直飞纽约、从迪拜直飞伦敦或新加坡、从迈阿密直飞圣保罗、从新加坡直飞悉尼。

莱格赛 650 公务机的客舱

10 秒速识

　　莱格赛650公务机采用下单翼和T形尾翼布局，机身两侧各有11个舷窗。

莱格赛 650 公务机的舱门

巴西"飞鸿100"公务机

"飞鸿100"公务机是巴西航空工业公司设计并制造的一款轻型公务机。

研发历史

2005年4月，巴西航空工业公司董事会批准了超轻型以及轻型喷气式飞机的开发计划。11月9日，该公司在年度大会上宣布，这种超轻型喷气飞机被命名为"飞鸿100"，并展示了该飞机的全尺寸模型。该机型于2007年7月26日在巴西圣何塞·多斯坎波斯进行了首次飞

基本参数	
机长	15.9 米
机高	4.35 米
翼展	12.3 米
空重	3275 千克
最高速度	834 千米／时
最大航程	3650 千米

行，并于2008年12月9日获得了巴西国家民航局的型号合格证。首架飞机在2008年12月24日交付使用。

"飞鸿100"公务机前侧方特写

▶ 机体构造

"飞鸿100"采用椭圆形机舱，客舱容积达7.985立方米。货舱采用不加压设计，容积为1.56立方米。"飞鸿100"近1/5的机身部分由复合材料制造，结构寿命为35 000飞行小时。

高空飞行的"飞鸿100"公务机

▶ 电子设备

"飞鸿100"采用全玻璃、全集成航电系统的驾驶舱。驾驶舱内安装了3个交互式显示器、两个主飞行显示器和1个多功能显示器。该系统集成了所有主要的飞行、导航、通信、地形、交通、天气、发动机仪表设备以及机组告警系统数据等信息，并将综合信息显示在这3个清晰、日光环境下可读的高分辨率显示器上。

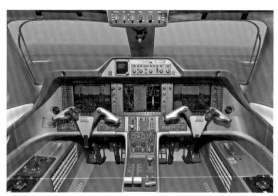

"飞鸿100"公务机的驾驶舱

||||▷ ★ 动力装置

　　"飞鸿100"采用两台普惠加拿大公司的PW617F-E型发动机，发动机配备两套全权数字发动机控制系统。即使在满载状况下，该机也可直接爬升至12 497米的高度飞行。

"飞鸿100"公务机侧方特写

||||▷ ★ 运输能力

　　"飞鸿100"公务机最多能搭载7位乘客和1位机组人员，客舱内配备的1个橱柜或是茶点室，位于后舱的私人卫生间，以及卫星通信设施都极大地方便了乘客的需要。操作友好的驾驶舱和易操控的飞行品质使其可支持

"飞鸿100"公务机的客舱

单人驾驶飞行。该机后舱行李舱容积为1.501立方米，足以存放高尔夫球具包、滑雪袋及各类设施等。此外，前舱的储存区域和机内的衣柜总容积最多可达0.453立方米，这样飞机的总行李容积可达2.01立方米。

10 秒速识

"飞鸿100"机身呈椭圆形，舱门高 1.47 米、宽 0.74 米。窗户高0.36米，宽0.3米。

"飞鸿 100"公务机后侧方特写

意大利比亚乔 P180 公务机

比亚乔P180公务机是意大利比亚乔公司设计和生产的喷气式公务机，绰号"前进"。

研发历史

1980年至1981年间，比亚乔P180公务机在美国和意大利进行了外形的风洞测试，最初由比亚乔公司与李尔喷气机公司合作，但合作计划不久后就中止了，比亚乔公司继续P180公务机的研发。原型机在1986年9月23日首次试飞，1990年3月取得意大利和美国的适航证，同年开始交付使用。截至2020 年 12 月，比亚乔P180公务机总产量达到246架。

基本参数	
机长	14.41 米
机高	3.97 米
翼展	14.03 米
空重	3400 千克
最高速度	741 千米 / 时
最大航程	2797 千米

比亚乔P180公务机侧前方视角

机体构造

与其他公务机相比，比亚乔P180公务机的前翼设计较为独特，主翼位置被后移，使其拥有鸭式布局，但仍使用传统飞机所采用的水平安定面作为飞机俯仰的平衡，同时采用独特的后推式螺旋桨。由于主翼较传统飞机后移，比亚乔P180公务机采用了中单翼的设计方式，这使主翼的翼梁不需穿越机舱，从而使客舱拥有了较大的空间。

比亚乔 P180 公务机俯视图

比亚乔 P180 公务机的驾驶舱

动力装置

比亚乔P180公务机配备两台普惠加拿大公司的PT6A-66B型涡轮螺旋桨发动机。这种发动机噪声值小，可靠性高，单台最大功率为630千瓦。该机的低空性能极为出色，在1000米的短跑道便能轻松起降。

比亚乔 P180 公务机仰视图

运输能力

在配有2名飞行员的情况下，比亚乔P180公务机的客舱能够容纳7～9名乘客，最多可以为11名乘客提供舒适的乘机服务。

比亚乔 P180 公务机的客舱

▌▌▌▌⟩ **10 秒速识**

比亚乔P180公务机采用3组机翼以及两台后置推进式涡轮螺旋桨发动机的设计方式，机身流线性较好。

比亚乔 P180 公务机左侧视角

Chapter 5
通用飞机

　　通用航空是指除了军事、警务、海关缉私飞行和公共航空运输飞行以外的航空活动，包括从事工业、农业、林业、渔业、矿业、建筑业的作业飞行和医疗卫生、抢险救灾、气象探测、海洋监测、科学试验、遥感测绘、教育训练、文化体育、旅游观光等方面的飞行活动，用于这些活动的飞机统称为通用飞机。

美国塞斯纳 172 通用飞机

　　塞斯纳172通用飞机是美国塞斯纳飞机公司研制并生产的单发四座小型飞机，是世界上生产量最大的小型通用飞机。

研发历史

　　塞斯纳172通用飞机于1955年6月首次试飞，第1架生产型飞机于1956年交付使用。早期的塞斯纳172通用飞机是标准的三轮传动装置飞机，仅1956年的销量就超过了1400架。之后，陆续研制了塞斯纳172A、塞斯纳172B、塞斯纳172D、塞斯纳172F、塞斯纳172J、塞斯纳172R和塞斯纳C-172SP等改进型号。其中，塞斯纳C-172SP是塞斯纳172系列最现代化的机型，于1998年开始批量生产。截至2017年7月，塞斯纳172系列通用飞机仍在生产，总产量超过了44 000架。该机的购买和使用成本与一辆豪

基本参数	
机长	8.28 米
机高	2.72 米
翼展	11 米
空重	736 千克
最高速度	228 千米 / 时
最大航程	1272 千米

华轿车相似，按照2012年市值，每架塞斯纳172通用飞机的造价仅为30.75万美元。

塞斯纳172通用飞机右侧视角

机体构造

　　早期的塞斯纳172与塞斯纳170通用飞机非常相似，具有相同机身。后来重新设计成前三点起落架，增加后窗以扩大飞行员的视野，成为1架能够360°观察四周环境的飞机。塞斯纳C-172A引入了可移动的尾翼、方向舵及向后倾的机尾，而塞斯纳172B则改进了仪器设备，塞斯纳172D降低了机身的高度，塞斯纳172F加入了电力襟翼，塞斯纳172J更换了发动机，塞斯纳172R增加了标准的无线电设备及隔音设备，塞斯纳172SP可加装G1000玻璃驾驶舱。

装有浮筒的塞斯纳 172 通用飞机

动力装置

　　塞斯纳172通用飞机安装有1台莱康明IO-360-L2A型四缸水平对置发动机，最大功率为120千瓦。该机的最大爬升率为3.66米/秒，实用升限为4100米。

塞斯纳 172 通用飞机在低空飞行

运输能力

　　除了飞行员外，塞斯纳172通用飞机还可搭载3名乘客。该机坚固耐用，符合民航仪表飞行法规要求，容易驾驶和维护，起降场地要求很低，几乎可在海拔3000米以下的任何一块平坦的地面起降。

停放在码头上的塞斯纳 172 通用飞机

10 秒速识

　　塞斯纳172通用飞机采用斜撑杆式直形上单翼、后掠式垂直尾翼、下置水平尾翼，机头部位有两桨叶螺旋桨，起落架为前三点式起落架。

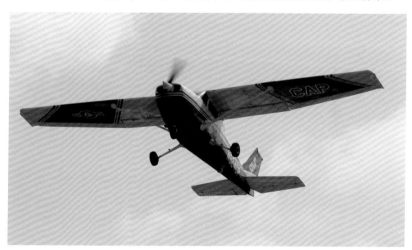

塞斯纳 172 通用飞机仰视图

塞斯纳 172 通用飞机在高空飞行

 # 美国塞斯纳 208 通用飞机

塞斯纳208通用飞机是美国塞斯纳飞机公司研制并生产的一款单发涡轮螺旋桨通用飞机。

基本参数	
机长	11.46 米
机高	4.55 米
翼展	15.88 米
空重	2145 千克
最高速度	344 千米 / 时
最大航程	1982 千米

研发历史

20世纪80年代，塞斯纳飞机公司开始研制10座级的单发涡轮螺旋桨飞机，用于取代当时在各地运营的数千架德·哈维兰公司生产的"海狸""水獭"活塞式飞机以及较小型的塞斯纳飞机，并打入这一级别的通用飞机市场。1984年10月23日，塞斯纳208通用飞机获得美国联邦航空局适航证，1985年开始批量生产并投入使用。该机经历了一系列的修改，并衍生出不同的机型，由最初的型号演变出多种改进型。

停放在小型机场的塞斯纳 208 通用飞机

机体构造

塞斯纳208通用飞机有带撑杆的机翼（上单翼）和不可收放的前三点式起落架，可选装轮式、浮筒式或滑橇式起落装置。起落架使用正常轮胎，可在草地、土地、砂石地面上起降。若换装浮筒，可在水面起降。若换装冰橇，可在雪面或冰面起降。

塞斯纳 208 通用飞机仰视图

动力装置

　　塞斯纳208通用飞机的动力装置为1台普惠PT6A-114涡轮螺旋桨发动机，最大功率为503千瓦。

塞斯纳 208 通用飞机在水上航行

运输能力

　　塞斯纳208通用飞机配有1～2名机组人员，可搭载9～13名乘客。该机以其优良的适应能力著称，塞斯纳飞机公司提供了不同的起落架安装模式，使其能适应不同的地形，甚至包括水上版本。塞斯纳208通用飞机的可靠性、经济性和灵活性较好，可使用简易跑道，具备一定的商载能力。该机加装了专业设备后，具有多用途的优势。

塞斯纳 208 通用飞机的驾驶舱

10 秒速识

　　塞斯纳208通用飞机采用斜撑杆式直线形上单翼，后掠式垂直尾翼连接背鳍，机头安装有三桨叶螺旋桨。水上机型带有辅助垂直尾翼。

塞斯纳 208 通用飞机在低空飞行

塞斯纳 208 通用飞机右侧视角

俄罗斯 Be-42 "信天翁" 通用飞机

Be-42 "信天翁" 飞机是俄罗斯别里耶夫航空科技联合体研制的多用途水陆两用飞机。

研发历史

Be-42 "信天翁" 飞机的设计工作始于1983年，其原型机于1985年开始制造，1986年12月进行首次飞行，1987年开始批量生产。1989年8月20日，Be-42在土希诺机场上空举行的航空节飞行表演中露面。其原型机曾打破14项世界纪录。

基本参数	
机长	43.84 米
机高	11 米
翼展	41.62 米
空重	44 000 千克
最高速度	800 千米 / 时
最大航程	4100 千米

Be-42 "信天翁" 通用飞机在水上飞行

机体构造

Be-42"信天翁"机身采用全金属半硬壳式结构，机翼为常规双梁式中等展弦比后掠翼。船底具有可变斜坡，大大改进了水上安定性和操纵性并降低了在海上起落时的过载。断阶前方为双舭线滑水船底，断阶后方有几个小楔形盒帮助机身在浪高2.2米时与水脱离。尾翼采用后掠式T形尾翼，常规方向舵和升降舵。尾翼、缝翼、发动机进气口和风挡均有除冰装置。起落架为液压可收放前三点式。前起落架向后收起，四轮小车式主起落架向后收入机翼下方的大型短舱内。

Be-42"信天翁"通用飞机在水面滑行

飞行中的 Be-42"信天翁"通用飞机

电子设备

Be-42"信天翁"装备有惯性飞行和导航系统，标准的通信电台和敌我识别器，导航、搜索、侦察和浪高测量雷达，常规仪表。翼尖浮筒上部的细长容器内可以装备电子侦察装置。该机有轰炸设备和光学/电视瞄准具。

动力装置

Be-42"信天翁"采用两台潘尔姆/索洛维耶夫D-30TKPV喷气发动机，单台推力117.7千牛。在每个涡扇发动机托架上的整流罩内装1台RD-60K助推涡喷发动机，其喷管后端部有一眼帘式端盖。燃油装在机翼扭力盒内，总容量35100升。

Be-42"信天翁"通用飞机侧方特写

运输能力

　　Be-42"信天翁"基本用途为海上巡逻和客货运输，可容纳机组人员8名，包括2名驾驶员、1名飞行工程师、1名雷达操作员、1名领航/观察员和另外3名观察员。

Be-42"信天翁"通用飞机前方特写

10 秒速识

Be-42"信天翁"机身为细长的船形，机翼细长而翼端有浮舟，机翼下有武器挂架，两台喷气发动机被置于后机身。

Be-42"信天翁"通用飞机正在起飞

俄罗斯别-103 通用飞机

别-103通用飞机是俄罗斯别里耶夫航空科技联合体和加加林航空生产联合体共同研制并生产的轻型多用途水陆两用飞机，于2003年交付使用。

研发历史

　　别-103通用飞机的结构设计和鉴定试飞由别里耶夫航空科技联合体负责，加加林航空生产联合体则负责样机的生产和定型机的批量生产及飞机使用过程中的保养与维修。别-103通用飞机于1997年7月首次试飞，2001年10月获得国际航空协会颁发的型号合格证。2003年，别-103通用飞机开始交付使用。

基本参数	
机长	10.7 米
机高	3.7 米
翼展	12.5 米
空重	1730 千克
最高速度	235 千米 / 时
最大航程	845 千米

　　该机可用于执行多种任务，如客货运输、行政公务联络、紧急医疗救护、抢险救援、邮递、水面生态监测（必要时可着水采集水样）、航空照相、商业旅游以及用于森林保护区、海上边界、经济区的巡逻等。如果安装相应的武器，也可用于低强度作战。

不同涂装的别 -103 通用飞机

机体构造

别-103通用飞机是一种带翼根前缘凸齿的下单翼飞机，全动式水平尾翼装在垂直安定面上，采用前三点式起落架。该机在设计上与传统水陆两用飞机不同，它实现了靠飞机机身断阶（水上飞机船体沿纵向外形发生台阶式突变的部分）、左右机翼根部后缘滑行的三点式滑水构想，从而改进了飞机在水上滑行时的稳定性，提高了飞机的航海性能。

电子设备

别-103通用飞机配有备份的操纵系统，能作为教练机来训练飞行员。其导航系统符合美国联邦航空条例FAR 25标准要求，在飞机设计飞行高度和速度范围内，也能提供可靠的手工引导。为了满足俄罗斯国内用户需求，该机有两种导航驾驶系统方案可供选择，一种是俄罗斯方案和国外方案的混合型，另一种是完全由俄罗斯生产的导航驾驶仪。别-103通用飞机的出口型可配置本迪克斯·金公司生产的导航设备。根据用户要求，机上还可安装气象雷达、自动驾驶仪和飞行记录仪。

别-103 通用飞机俯视图

别-103 通用飞机的驾驶舱

动力装置

　　别-103通用飞机的动力装置由两台大陆IO-360-ES4型活塞发动机组成，单台功率为157千瓦。该机可在深1.5米以上、长宽600米以上、浪高0.6米的内陆水域或海面起降，也可在水泥跑道上起降。由于其地面压力较小，噪声较低，所以可以更好地保护生态环境。

别-103 通用飞机沿海岸线飞行

运输能力

别-103通用飞机的座舱是根据现代化要求设计的，其配置保障了乘客最大程度的舒适性，同时也能进行快速改装，以适应不同的货物装载要求。座舱内配有空调系统。飞行员为1人或2人，客运可搭载4至5名乘客，货运可运送400千克货物。座舱前部安装有1个维护舱门和1个应急舱门，这两个舱门均可向上打开。

别-103 通用飞机在水上航行

10 秒速识

别-103通用飞机采用有小幅后掠角的下单翼，以及后掠式垂直尾翼和中置水平尾翼。两阶式机身，没有稳定浮筒。机头两侧各有一条水平边条，第二阶机身前面有一条垂直边条。

低空飞行的别-103 通用飞机

俄罗斯别-200通用飞机

别-200通用飞机是俄罗斯别里耶夫航空科技联合体研制和生产的多用途水陆两用飞机，于2003年交付使用。

研发历史

别-200通用飞机的设计工作始于1989年，首架原型机于1996年9月11日出厂，1998年9月24日完成陆上起降首次试飞，1999年9月10日完成首次水上起降。2002年，别-200通用飞机开始批量生产，但产量

基本参数	
机长	32 米
机高	8.9 米
翼展	32.8 米
空重	27 600 千克
最高速度	700 千米/时
最大航程	2100 千米

很小，截至2020年也只生产了17架。该机的主要型号为消防型，同时具有发展为反潜巡逻型、海上搜救型和客货运输型的潜力。

别-200通用飞机侧前方视角

机体构造

别-200通用飞机采用悬臂式后掠上单翼，展弦比较大，翼尖装有翼梢小翼。尾翼为T形翼，采用常规的方向舵和升降舵设计方式。机身为全金属半硬壳结构，底部为船体设计，起落架为前三点式，前、主起落架均为双轮式。机头两侧以及机翼旁边安装了边条，机身两侧安装有翼下大型吊舱。

别-200 通用飞机仰视图

电子设备

别-200通用飞机驾驶舱的仪表板上安装有多个由美国本迪克斯公司生产的液晶显示器，显示器面积为15.2厘米×20.3厘米。飞机上还安装有MH-85气象雷达、ARIA-200数字导航系统等先进的机载设备。

高速飞行的别-200 通用飞机

动力装置

别-200通用飞机安装了两台由进步发动机公司研制的D-436TP型大涵道涡轮风扇发动机，单台推力为73.5千牛。由于发动机安装在机翼上方，所以在起降时一般不会触水。该机的出口型可根据用户要求选装包括罗尔斯·罗伊斯BR-715型涡轮风扇发动机在内的西方国家常用的动力装置。

别-200 通用飞机侧后方仰视图

运输能力

别-200通用飞机有2名机组人员，客运型机设备齐全，有厨房、盥洗室和行李间，客舱中央有通道，每排4个座位，排距为75厘米，最多可载72名乘客。货运型飞机货舱长17米、宽2.6米、高1.9米，可运输7~8吨各种货物。货运型的货舱内安装有9个货盘，其最大载荷7500千克，或安装有9个特种货盘，最大载荷6850千克。

消防型别-200通用飞机安装了8个水箱，共计可载12吨灭火用水，另外还可安装容量为1.2立方米的液态化学灭火剂箱。该机可在陆地机场加水，也可在开阔水域通过水面滑行12~14秒来汲取灭火用水。在火场与机场距离100~200千米之内时，别-200通用飞机一次加油可向火场投放270~320吨水，灭火能力显著。

别-200 通用飞机从水上起飞

　　别-200通用飞机采用单阶式机身、后掠式机翼、全后掠式T形尾翼，中央机翼的后上方安装有两台涡轮风扇发动机。

别-200 通用飞机侧后方视角

英国肖特 330 通用飞机

肖特330通用飞机是英国肖特兄弟公司研制的一款双发涡轮螺旋桨小型飞机。

研发历史

肖特330通用飞机最初称为SD3-30，其研制计划于1973年5月正式启动，研制阶段共制造了2架原型机和1架生产型飞机。第一架原型机于1974年8月22日首次试飞。1976年2月18日，肖特330通用飞机获得英国民航局的型号合格证。1976年6月18日，肖特330通用飞机获得美国联邦航空局的型号合格证以及加拿大航空运输部、德国联邦航空局和澳大利亚运输部的型号合格证。1976年6月，肖特330通用飞机开始交付使用。

基本参数	
机长	17.69 米
机高	4.95 米
翼展	22.76 米
空重	6680 千克
最高速度	455 千米 / 时
最大航程	1695 千米

停机坪中的肖特 330 通用飞机

机体构造

　　肖特330通用飞机的机身为轻合金结构，由3个主要部分组成：机头部分包括驾驶舱、前轮舱和前行李舱；中段包括主翼梁固定隔框和安装主起落架及其整流罩的下部横梁；后段包括后行李舱和尾翼固定隔框。机头和后部机身下部是普通蒙皮-桁条结构，其他部位的蒙皮壁板是用光滑的外蒙皮胶接到波纹状的内蒙皮上构成。该机的主翼为撑杆式上单翼，全金属安全寿命结构。机翼中段和中机身上部成为一个整体，为双梁、单翼盒的普通蒙皮和桁条组成的轻合金结构。撑杆支撑的外翼段是等弦长、轻合金双翼盒结构，用螺栓连接在机翼中段。

电子设备

　　肖特330通用飞机可根据用户要求安装各种无线电和导航设备。标准电子设备有两套甚高频通信和导航系统、两台下滑道/指点标接收机、两台仪表着陆系统转发器、两台无线电磁指示器、1个无线电罗

肖特 330 通用飞机仰视图

盘、1个应答器、1套测距设备和1个气象雷达。

288

肖特330通用飞机侧前方视角

动力装置

　　肖特330通用飞机的动力装置为两台普惠加拿大公司生产的PT6A-45R型涡轮螺旋桨发动机，单台功率为893千瓦。每台发动机驱动一副五桨叶恒速全顺桨低速金属螺旋桨。机翼中段和机身整流罩内有燃油箱，可用燃油总量为2546升。

肖特330通用飞机左侧视角

运输能力

肖特330通用飞机的驾驶舱设2名机组人员，客舱内标准布局为30座，座椅分10排，每排3座，排距76厘米，中间有较宽的过道。座椅安装在客舱地板的轨道上，以利于改变座舱布局。厨房、厕所和客舱服务员座椅设在客舱后部。机头行李舱容积1.27立方米，后部行李舱容积2.83立方米，每个行李舱都有外部进口，总行李装载量为500千克。客货混合布局时，可用隔板把座舱分成后客舱（典型布局18座）和前货舱两部分。货舱通过左侧的大舱门装卸货物，能运载集装箱；全货运布局时，舱内可装7个集装箱，集装箱周围的空间还可用来装其他货物。

肖特330通用飞机右侧视角

10 秒速识

肖特330通用飞机采用斜撑杆式直线形上单翼、方形截面梯形机身、双尾翼，两侧机翼各有1台五桨叶涡轮螺旋桨发动机。

停机坪上的肖特330通用飞机

Chapter 6
民用直升机

　　直升机作为20世纪航空技术极具特色的创造之一，极大地拓展了飞行器的应用范围。直升机是典型的军民两用产品，可以广泛应用于运输、巡逻、旅游、救护等多个领域。

美国贝尔 206 轻型直升机

贝尔206直升机是美国贝尔直升机公司研制的一款五座单发轻型直升机，主要用于执行运输、救援、测绘、油田开发及行政勤务等任务。

研发历史

贝尔206直升机于1965年4月开始研制，1966年1月10日第一架原型机试飞，1966年10月取得美国联邦航空局的适航证，1967年初开始交付使用。截至2017年7月，贝尔直升机公司以及其他具有许可证生产者共生产7300多架贝尔206系列直升机，其中4600多架是民用型。

基本参数	
机长	12.11 米
机高	2.83 米
旋翼直径	10.16 米
空重	1057 千克
最高速度	222 千米 / 时
最大航程	693 千米

停放在跑道上的贝尔 206 直升机

机体构造

　　贝尔206直升机采用两片桨叶的半刚性跷跷板式旋翼，桨叶采用贝尔直升机公司标准的"前线下垂"叶型，桨叶由D形铝合金大梁、铝合金蒙皮、蜂窝芯和后段件胶接而成。尾桨为两片桨叶，桨叶为铝合金结构。

低空飞行的贝尔 206 直升机

▶ 电子设备

贝尔206直升机可选装甚高频通信设备、全向导航仪、下滑指示器、自动测向仪等机载设备。

贝尔206直升机右侧视角

▶ 动力装置

贝尔206直升机的动力装置通常是1台最大功率为313千瓦的艾里逊250-C20J型涡轮发动机，燃油容量为344升。该机的最大爬升率为6.9米/秒，实用升限为4115米。

贝尔206直升机后方视角

运输能力

贝尔206直升机的座舱前面并排有两个驾驶员座椅，驾驶员座位后面为可供3人乘坐的长椅。座椅后面有可以装载113千克货物的行李舱。

贝尔206直升机在高空飞行

10 秒速识

贝尔206直升机的主旋翼和尾翼都是两片桨叶，座椅两侧各有前开的舱门，机身左侧有1个小舱门。

贝尔 206 直升机侧后方视角

美国贝尔 222 轻型直升机

贝尔222直升机是美国贝尔直升机公司研制的一款民用双发轻型直升机。

研发历史

贝尔222直升机的原型机于1976年8月13日首次试飞，1979年8月16日获得美国联邦航空局的适航证并投入批量生产，同年开始交付使用。该机的主要型号包括贝尔222A，基本型；贝尔222B，改进型；贝尔222行政型，安装有全套单套驾驶和双套驾驶的仪表飞行设备和全套自动飞行控制系统；贝尔222UT通用型，起落架为管形滑橇，滑橇上安装有可拆卸的供地面操纵的机轮。

基本参数	
机长	12.85 米
机高	3.56 米
旋翼直径	12.2 米
空重	2066 千克
最高速度	240 千米 / 时
最大航程	600 千米

贝尔 222 直升机仰视图

机体构造

贝尔222直升机的机身为轻合金半硬壳式结构，关键部位采用破损安全设计。该机的旋翼系统采用两片桨叶，其桨毂为钛合金结构，旋翼桨叶不能折叠，尾桨为两片不锈钢结构桨叶。起落架为液压可收放式前三点起落架。

贝尔 222 直升机右侧视角

动力装置

　　贝尔222直升机的动力装置为两台莱康明公司的LTS101-750C-1型涡轮轴发动机，单台最大功率为510千瓦。该机的最大爬升率为8.79米/秒，实用升限为4815米。

贝尔 222 直升机在低空飞行

运输能力

　　贝尔222直升机的座舱一般可容纳1名驾驶员和7名乘客，必要时可搭载9名乘客。

停机坪上的贝尔 222 直升机

||||▷ **10 秒速识**

贝尔222直升机采用后掠式上下垂直尾翼，主旋翼和尾翼都采用两片桨叶。尾撑中段安装有水平安定面，带有端板小翼。

贝尔 222 直升机前方视角

美国贝尔 407 轻型直升机

贝尔407直升机是美国贝尔直升机公司研制的七座单发轻型直升机。

研发历史

贝尔407直升机的研发工作始于1993年，1995年1月该项目首次在拉斯维加斯的直升机展览会上公布。原型机和预生产型机分别于1995年6月29日和1995年7月13日首次试飞。1996年2月9日，取得加拿大运输部的型号合格证，同年2月23日取得美国联邦航空局的型号合格证。1996年2月，贝尔407直升机首次交付使用。

基本参数	
机长	12.7 米
机高	3.56 米
旋翼直径	10.67 米
空重	1210 千克
最高速度	260 千米 / 时
最大航程	598 千米

贝尔407直升机把贝尔206系列直升机的坚固可靠与美国陆军军用直升机系列的高性能结合在一起，成为国际上用于企业行政级商务飞行、私人俱乐部飞行、警务执法、反恐、空中支援、消防、灭火、医疗救护等最具有竞争力的直升机。

贝尔 -407 直升机前方视角

机体构造

　　贝尔-407直升机采用单旋翼带尾桨布局，安装有经过改进的OH-58D军用直升机的四片桨叶旋翼、尾桨和减速器系统。机体防护有所改善。前机身包括驾驶舱和座舱，空间不拥挤，提高了乘坐舒适性。机身两侧舷窗面积较大，安装有特殊玻璃，增加了舱内采光面积，扩大了驾驶员和乘员视野。

贝尔 -407 直升机仰视图

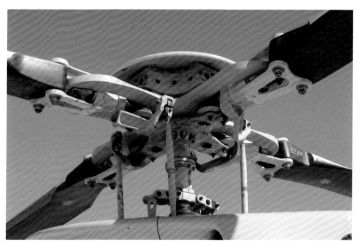

贝尔 -407 直升机的桨毂特写

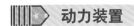

▐▐▐▶ 动力装置

贝尔-407直升机的动力装置为1台HTS-900涡轮轴发动机，最大功率为680千瓦。燃油装在两个互连的抗坠毁软油箱中，载油量比OH-58D军用直升机有较大增加。该机可实施垂直起落，左右横行、前进及倒退，并能在空中悬停和定点转弯等，因其具有机身小、飞行灵活等特点，所以适合执行公务、医疗急救、抢险救灾、海洋作业、航拍等任务。

贝尔-407直升机右侧视角

▐▐▐▶ 运输能力

贝尔-407直升机的标准布局为5名乘客和2名机组人员，驾驶舱有2名机组人员，座舱有两排背靠背的座椅，前面坐3名乘客，后面坐2名乘客。该机内部的最大载荷为1089千克，外部最大吊挂载荷为1200千克。

贝尔-407直升机左侧视角

||||▷ ★ **10 秒速识**

　　贝尔-407直升机的主旋翼有4片桨叶，尾翼有2片桨叶。座舱门窗为平板式。尾撑中段安装有水平安定面，带后掠式端板小翼。

停机坪上的贝尔-407直升机

美国贝尔 427 轻型直升机

贝尔427直升机是由美国贝尔直升机公司设计并生产的双发轻型直升机。

研发历史

20世纪90年代以来，在国际商用直升机市场上，双发轻型直升机成为新的热点，市场需求大，国际竞争激烈。为了抢占市场份额，贝尔直升机公司开始研制贝尔427直升机，其设计目标是提供一种在性能和有效载

基本参数	
机长	11.42 米
机高	3.2 米
旋翼直径	11.28 米
空重	1760 千克
最高速度	259 千米 / 时
最大航程	730 千米

重方面与同类直升机相近，但价格更低的双发轻型通用直升机。

1997年年初，贝尔直升机公司开始组装第一架原型机，同年12月11日首次飞行。1999年11月19日，贝尔427直升机获得加拿大运输类直升机适航证。2000年1月，贝尔427直升机获得美国联邦航空管理局适航证，同年开始交付使用。

贝尔 427 直升机在低空飞行

　　贝尔427直升机是完全采用计算机设计的第一种贝尔直升机，设计中采用了三维CATIA立体建模和三维电子实体模型（EMU），提高了设计精度、保证了结构相容性。由于广泛采用碳纤维/环氧树脂复合材料，贝尔427直升机的机身零件数较贝尔206直升机大幅减少。座舱地板和舱顶为了便于制造采用平板构型，其他部位也尽可能不使用或少使用曲板。

贝尔 427 直升机右侧视角

电子设备

贝尔427直升机配备了双屏液晶显示综合仪表显示系统，用于监测发动机仪表、燃油量、主减速器滑油压力和温度、液压系统、电气系统、重量和平衡，并且具备警告功能，还具有记录超限能力和发动机故障诊断功能。电子飞行仪表系统为选装设备，具有全球定位系统接口、区域导航地图、非精确进场能力和气象雷达显示。此外，该机还可应客户要求选装霍尼韦尔公司生产的导航/通信电子设备。

贝尔 427 直升机的驾驶舱

动力装置

贝尔427直升机的动力装置为两台普惠加拿大公司PW207D型涡轮轴发动机，单台最大功率为529千瓦。全权数字式发动机控制系统（FADEC）可使发动机起动自动化，并且对温度进行监测，消除热起动的可能性。该系统保持对旋翼转速的严格控制，利用扭矩或温度进行双发动机的功率匹配。

贝尔 427 直升机准备降落

运输能力

贝尔427直升机的座舱座椅布置有两种标准方案：一种为2排面对面三座椅的标准俱乐部座椅；另一种为2排面对面二座椅的公务俱乐部座椅，每排座椅之间有放茶点饮料的茶几。此外，也可选择2排面向前三座椅的标准航空公司座椅。紧急医疗救护型贝尔-427直升机，座舱内可安排1～2副担架，1～2名医护人员。货物运输型贝尔-427直升机，座椅全部拆除，选用可移动货舱平地板，配备有货物系留装置。

贝尔 427 直升机侧后方视角

10 秒速识

贝尔427直升机采用单旋翼带尾桨式布局，使用四叶片主旋翼系统，具有刚性复合材料旋翼桨毂和两叶片尾桨。带端板平尾位于尾梁中后部。垂尾可分为上、下两部分，下部垂尾下端装有尾撑。尾桨位于尾梁末端左侧。

贝尔 427 直升机在高空飞行

美国贝尔 429 轻型直升机

贝尔429直升机是美国贝尔直升机公司研制的民用双发轻型直升机，可胜任人员输送、紧急救援、医疗救护和消防等多种紧急任务。

研发历史

贝尔429直升机于2007年2月27日首次试飞，2009年开始批量生产并交付使用。该机的问世被称为贝尔直升机公司力挽狂澜的放手一搏，因为它在双发轻型直升机中的确出类拔萃。截至2018年7月，贝尔429直升机产量达到了325架。

基本参数	
机长	12.7 米
机高	4.04 米
旋翼直径	10.97 米
空重	1925 千克
最高速度	287 千米 / 时
最大航程	722 千米

贝尔 429 直升机升空起飞

机体构造

贝尔429直升机拥有宽敞的开放式机舱和平面地板，客舱空间扩大到6.16立方米，远大于贝尔427直升机的客舱，由此带来了一系列空间上的优势，完全摆脱了拥挤的尴尬。该机采用标准滑橇起落架，也可选装可收放的轮式起落架。

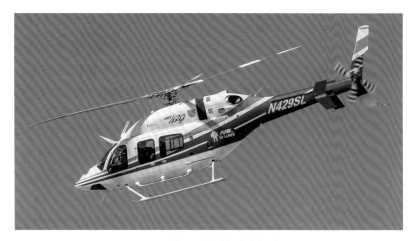

贝尔429直升机左侧视角

▌▌▌▌▷ ★ **电子设备**

　　贝尔429直升机的驾驶舱配有两台彩色液晶显示器。该机可加装状态使用监控系统，可监控旋翼运动轨迹和平衡的信息，以及主减速器、传动系统和发动机的数据，包括机身和飞行轨迹的数据。

贝尔 429 直升机的驾驶舱

动力装置

　　贝尔429直升机的动力装置为两台普惠加拿大公司PW207D型涡轴发动机，单台功率为545千瓦，并装备有双余度全权限数字发动机控制系统。贝尔直升机公司预计贝尔-429直升机的直接使用成本约480美元/时。该机的标准燃油容量为814升，最大航程为722千米。

贝尔 429 直升机在山区低空飞行

运输能力

　　贝尔429直升机的有效荷载重量超过1200千克，舱内配有8个真皮座椅，拥有足够空间的机舱使乘客双腿可以在座位上尽情舒展，快速拆分的座椅可以灵活重置舱内构造。用于医疗救护时，重置后的机舱可容纳2副担架和数名医务人员。用于最顶级的商务飞行时，可以改为4个座椅。

贝尔429直升机右侧视角

10 秒速识

　　贝尔429直升机采用四桨叶旋翼和双桨叶尾翼，起落架为固定滑橇式。尾撑中段安装有水平安定面，带有端板小翼。

贝尔 429 直升机侧后方视角

 ## 美国 R22 轻型直升机

R22直升机是美国罗宾逊直升机公司研制的一款双座单发轻型直升机，在美国广泛应用于直升机驾驶员的训练。

基本参数	
机长	8.76 米
机高	2.67 米
旋翼直径	7.67 米
空重	379 千克
最高速度	190 千米 / 时
最大航程	592 千米

研发历史

R22直升机于1973年6月开始设计，第一架原型机于1975年8月28 日首次飞行，第二架原型机于1977年初制成。1979年3月16日，R22直升机获得美国联邦航空局适航证。1981年6月，获得美国民航局适航证，之后又陆续在其他国家获得适航证。1979年10月，R22直升机开始交付使用。截至2017年7月，该机已经交付了4600架以上。

R22直升机右侧视角

机体构造

R22直升机采用两片桨叶的半刚性旋翼，桨毂使用3条铰链悬挂，以减少桨叶柔性、旋翼震动和操纵力反弹。弹性跷跷板铰链装有限动块，以防止大风中起动和旋翼停转时桨叶撞击尾梁。

R22直升机右侧视角

动力装置

　　R22直升机的动力装置为1台莱康明O-320-A2C型活塞发动机，最大功率为93千瓦。该机的最大爬升率为6.1米/秒，实用升限为4267米。

R22 直升机在海湾上空飞行

运输能力

R22直升机的有效载荷为417千克，除了驾驶员外，仅能搭载1名乘客。

R22直升机准备降落

10 秒速识

R22直升机的主旋翼和上下垂直尾翼都是两片桨叶，主旋翼桨毂高置，尾桨在左侧。起落架为固定滑橇式。

停机坪上的 R22 直升机

R22 直升机起飞

 美国 R44 轻型直升机

R44直升机是美国罗宾逊直升机公司研制的一款四座单发轻型直升机，绰号"雷鸟"。

研发历史

R44直升机于1990年3月首次试飞，1993年正式投入市场，因其用途广泛，年生产量从1996年的78架迅速增加为2000年的264架，截至2019年，生产总量已超过6331架。罗宾逊直升机公司以生产低价位、高标准、高性能的轻型直升机而声誉卓著，R44直升机完全具备了这些特征。

基本参数	
机长	9 米
机高	3.3 米
旋翼直径	10.1 米
空重	657 千克
最高速度	240 千米 / 时
最大航程	560 千米

R44 直升机准备降落

机体构造

罗宾逊直升机公司在工艺设计方面一贯强调优质可靠。根据美国国家交通安全委员会的统计数字，由于机身或发动机故障引起的事故，R44直升机比其他直升机要少得多。该机采用罗宾逊直升机公司最新开发的液压助力系统，消除了驾驶杆机械传动产生的震动现象，使驾驶更轻松。驾驶舱配备了可调式脚舵，方便飞行员调整姿势。R44直升机可装备固定或应急快速充气浮筒，能在水上飞行和起降。

R44直升机右侧视角

✦ 动力装置

R44直升机的动力装置为1台莱康明IO-540-AE1A5型活塞发动机，最大功率为183千瓦。该机的最大爬升率为5.1米/秒，实用升限为4270米。R44直升机的机体线条优美，设计符合空气动力学原理，有效提高了飞行速度和效率，巡航速度达200千米/时，而平均耗油量仅为56升/时。

R44 直升机侧后方视角

运输能力

R44直升机拥有封闭式机舱，机舱内有两排座椅，可以乘坐1名驾驶员和3名乘客，有效载荷为998千克。

R44 直升机侧前方视角

10 秒速识

R44直升机的主旋翼和上下垂直尾翼都是两片桨叶，主旋翼桨毂高置，尾桨在左侧。起落架为固定滑橇式。

停机坪上的 R44 直升机

美国 S-92 中型直升机

S-92直升机是美国西科斯基飞机公司研制的一款双发中型直升机，主要针对民用市场而设计。

研发历史

20世纪90年代初，由于苏联解体，国际形势趋于缓和，西科斯基飞机公司预测民用中型直升机的市场需求将会有所增长，决定研制一种面向21世纪的军民通用型新型中型直升机。该计划正式于1992年在西科斯基飞机公司立项，命名为S-92"直升客车"直升机。

基本参数	
机长	17.1 米
机高	4.71 米
旋翼直径	17.17 米
空重	7030 千克
最高速度	306 千米 / 时
最大航程	999 千米

S-92直升机于1995年6月在巴黎航展上展出，于1998年首次试飞，2004年投入使用。西科斯基飞机公司在该项目上的风险投资伙伴有日本三菱重工业株式会社（7.5%）、西班牙格曼萨公司（7%）、巴西航空工业公司（4%）等。S-92直升机可执行客运、货运、航空救护、搜索救援等任务，具有售

价低、使用成本低、机内空间大、客舱安静等特点。由于S-92直升机能满足军用和民用的多种使用要求，同时经济性也较好，所以在同类直升机中极具竞争力。

停放在跑道上的 S-92 直升机

机体构造

S-92直升机的机体广泛采用复合材料造制。采用复合材料的部位包括整流罩、浮筒式燃油箱舱、机头座舱罩、尾斜梁前后缘等，所采用的复合材料占机体重量的40%。复合材料的应用不仅减轻了重量，还提高了耐腐蚀性和抗破裂的能力。旋翼系统采用具有先进高速翼型的大弦长复合材料桨叶，桨叶由石墨大梁、玻璃纤维蒙皮等组成，桨尖尖削，有30°后掠角和20°下反角。尾斜梁由铝合金主体构架及碳纤维复合材料整流罩组成。

S-92 直升机仰视图

电子设备

    S-92直升机的电子系统是以MIL-STD-1553或ANMC 429数据总线为基础的综合模块化电子设备，不仅可适用于各种任务设备，而且还可大大简化设备的安装程序。

S-92 直升机左侧仰视图

动力装置

S-92直升机有两台通用电气公司的CT7-8型涡轮轴发动机，每台额定功率为1790千瓦，起飞功率为1529千瓦。发动机安装有全权数字电子控制系统。这款发动机的强大功率不仅能满足民用用户的需要，也能满足军用用户的需要。S-92直升机的机身两侧有浮筒式燃油箱，每个容量为1134升，加上其内部还设有辅助燃油箱，这就可大大增加直升机搜索救援的范围或延长搜索救援的飞行时间。在必要情况下，S-92直升机也可进行空中加油。

S-92直升机紧贴海面飞行

运输能力

S-92直升机有2名机组人员，用于客运时，最多可以安装22个乘客座椅。用于货运时，有效载荷为12020千克，吊钩最大的承载能力为4536千克。

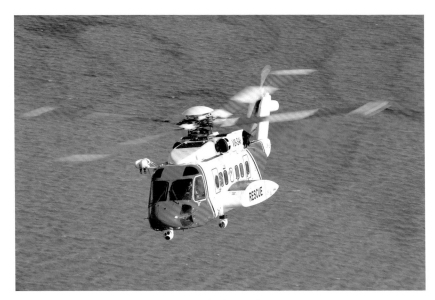

S-92直升机前方视图

 10 秒速识

S-92直升机采用四桨叶主旋翼、四桨叶右侧尾桨，前三点式起落架可收进两侧大型浮筒内。

S-92 直升机在执行搜索任务

俄罗斯米-34 轻型直升机

米-34直升机是米里设计局研制的一款四座轻型多用途直升机，主要用于教练、通信、观测、联络和巡逻，在北约代号为"蜂鸟"。

研发历史

1986年，米里设计局制造了2架原型机和1架结构试验机，同年首次试飞，并在巴黎航展上公开展出。1993年，米-34直升机开始交付使用。该机主要有两种型号：双排座教练型和单排座运动型。按照2011年市值，每架米-34直升机的造价为100万美元。

基本参数	
机长	11.42 米
机高	2.75 米
旋翼直径	10 米
空重	950 千克
最高速度	210 千米 / 小时
最大航程	356 千米

米-34 直升机编队

机体构造

　　米-34直升机的机身采用轻合金铆接结构，半铰接式旋翼有4片玻璃纤维桨叶，带有挥舞铰和周期变距铰。尾翼为T形，后掠垂尾顶部安装有小型无后掠平尾。尾桨有两片复合材料制造的桨叶，装在尾梁右侧。起落架为普通不可收放滑橇式。

米-34 直升机侧前方视角

动力装置

米-34直升机安装有1台韦杰涅耶夫设计局设计的M-14V-26V型9缸活塞式发动机，最大功率为239千瓦。这种发动机具有特技飞行直升机所需的一些非常重要的特性，如加速性好、对吸入的废气不敏感等。

米-34直升机右侧视角

运输能力

米-34直升机安装有两套操纵装置，从而使这种直升机既可以作为教练机，又可以作为联络机和巡逻机，驾驶舱后面有1个空间舱，必要时可载人或装货。该机有1~2名机组人员，可搭载2~3名乘客。

米-34直升机在低空飞行

10 秒速识

米-34直升机采用四桨叶主旋翼和双桨叶右侧尾桨，配备气泡式座舱罩、后掠式垂直尾翼和小型T形水平尾翼。驾驶舱两侧和后舱两侧各有1个前部铰接的舱门。

停机坪上的米 -34 直升机

俄罗斯米 -38 中型直升机

米-38直升机是由俄罗斯米里设计局研制的一款中型运输直升机，用来替换老化的米-6、米-8及米-17系列。

研发历史

为满足苏联国民经济的需要和20世纪90年代直升机市场的需求，苏联制订要发展一种新型中型运输直升机的计划，代号米-38。米-38于1983年开始研制，其原型机于1989年在巴黎航展上展出。2004年10月1日，米-38完成了它的首次飞行演示。2007年上半年，第二架米-38组装完成，2018年1月10日开始批量生产。

基本参数	
机长	19.95 米
机高	5.2 米
翼展	21.1 米
空重	8300 千克
最高速度	275 千米 / 时
最大航程	325 千米

米 -38 中型直升机侧方特写

机体构造

米-38机身采用传统的全金属半硬壳式加尾梁结构，机身两侧装有短翼。旋翼系统为6片全复合材料桨叶，尾桨为全复合材料结构。水平安定面装在尾锥下部。起落架采用可收放前三点式，前起落架向前收入驾驶舱地板下的舱内，主起落架收入机身两侧的短翼内，起落架采用大尺寸低压轮胎，以保证直升机在土跑道上可以降落。

米-38 中型直升机前方特写

电子设备

　　米-38驾驶舱内设有先进的彩色电子综合显示系统。在飞行中，以及在地面装卸货物和进行维护时所需的各种信息均可综合显示在电视屏幕上。电子设备由大型中央计算机所控制，也与带多普勒的自动导航系统和盲目着陆系统相连。还装有多普勒速度测量仪、捷联式航姿系统、远程导航系统、卫星导航系统、气象导航系统、电视系统、自动稳定系统、直升机参数(压力、温度、转数、功率和振动水平)检测系统、航向下滑系统、应急告警系统以及记录系统等。

米-38 中型直升机的驾驶舱

动力装置

米-38装有两台克里莫夫设计局TV7-117V涡轮轴发动机。发动机增压比和工作温度比较高，从而保证了较高的工作循环热动力效率。发动机装有电子监控系统，该系统由数据传输数据总线连接，并与直升机配套使用。当第一台发动机电子监控系统发生故障时，第二台发动机的电子监控系统就会自动执行两台发动机的监控任务，当两台发动机电子监控系统都发生故障时，还可以使用简单的液压机械控制系统进行操纵。

米-38中型直升机在低空飞行

运输能力

米-38是传统的单旋翼带尾桨直升机，能完成多种任务，如战术运输、森林灭火、建筑吊装、医疗救护、营救伤员、海上垂直补给、近海油田作业以及航摄航测等。改装成水上运输型之后，可在水上起降。货舱地板中央开有长1.15米、宽0.75米的舱口，舱口处装有可吊挂5000千克货物的外挂系统，外挂系统设有战术和应急投放装置，以及吊索收放装置，用作其它用途时，舱口处还可安装航空摄影装置或其他照相装置。

10 秒速识

米-38旋翼桨叶为几何形状，大非线性扭转，沿展向变化翼型，桨尖后掠。尾桨向右倾斜，垂尾后掠。

米 -38 中型直升机前侧方特写

欧洲 EC135 轻型直升机

　　EC135直升机是欧洲直升机公司设计和制造的双发轻型直升机，被广泛运用于警务与急救领域，同时也可用于执行运输任务。

▌▌▌▷ 研发历史

　　EC135直升机的历史可以追溯到20世纪80年代欧洲直升机公司成立之前。最初它是作为德国梅赛施密特-伯尔科-布罗姆公司的BO 108直升机而开发的，1988年10月17日进行了首次技术验证飞行。在梅赛施密特-伯尔

基本参数	
机长	12.16 米
机高	3.51 米
旋翼直径	10.2 米
空重	1455 千克
最高速度	281 千米 / 时
最大航程	635 千米

科-布罗姆公司与法国宇航直升机部门合组为欧洲直升机公司后，BO 108直升机逐渐发展成为EC135直升机，并于1994年2月15日首次试飞，1996年开始交付使用。较低的事故率和较大的内部空间令EC135直升机深受欢迎，成为目前销量最大的轻型双发直升机之一。

EC135直升机右侧视角

机体构造

　　EC135直升机采用了一系列高新科技，包括无铰接旋翼、全复合材料无轴承尾桨、装有减震装置的紧凑型变速箱（允许更高的客舱高度）、复合材料结构、改进的气动外形、现代航空电子设备和电子飞行仪表系统等。

EC135 直升机的驾驶舱

动力装置

　　根据客户要求，EC135直升机可供应两种型号，区别主要在于发动机。EC135 T2型，采用透博梅卡阿吕斯2B2型发动机（最大功率为452千瓦）；EC135 P2型，采用普惠加拿大公司的PW206B型发动机（最大功率为463千瓦）。EC135直升机虽然载重大、噪声低，但升限也较低，续航时间不长。

EC135 直升机在雪山地区飞行

运输能力

　　EC135直升机有1名飞行员，客舱能配备8个座位，也能更改配置用于执法人员或贵宾运送、紧急医疗服务、搜寻和救援等任务。该型机的有效载荷为1455千克。

EC135直升机右侧仰视图

▌▌▌▶ 十秒速识

　　EC135直升机采用五桨叶主旋翼、十桨叶涵道式尾桨，尾撑后部安装水平安定面，带有下掠式端板小翼。起落架为可收放前三点式。

EC135 直升机前方仰视图

EC135 直升机降落在山区

欧洲 EC145 中型直升机

EC145直升机是欧洲直升机公司研制的轻型双发多用途直升机，主要用途有搜索救援、紧急勤务、专机/载客运输、货运、近海作业、航拍、新闻采访以及训练等。

基本参数	
机长	13.03 米
机高	3.45 米
旋翼直径	11 米
空重	1792 千克
最高速度	268 千米 / 时
最大航程	680 千米

研发历史

为缩短研制周期，尽早投入市场，欧洲直升机公司在研制EC145直升机的过程中走了捷径，将EC135直升机的前机身和BK117直升机的后机身拼合起来组成EC145直升机。因此，EC145直升机实际上是EC135和BK117直升机的优化组合。EC145直升机基本型于1998年开始研制，1999年6月首次试飞，2002年开始交付使用。

EC145直升机具有商载大、航程远、噪声低、驾驶舱舒适宽敞、驾驶员工作负荷轻、系统安全可靠、使用成本低等优点，并符合欧洲JJAROPS最新适航要求，允许在人口密集地区和市区起降。自投放市场以来，EC145直升机便深受用户青睐。

停机坪上的 EC145 直升机

▌▌▌▶ 机体构造

　　EC145直升机广泛采用先进技术，拥有高性能旋翼桨叶、气动优化的机身、具有现代化人机接口特点的驾驶舱、大视野风挡玻璃和宽敞的座舱等。该机采用三维CATIA软件设计，在方案论证期间建立了多种数字实体模型，用于评估油箱安装、座舱外形、选装设备装配等。此外，为节省专用工装，EC145直升机采用了许多与EC135直升机相同的设计原理。为减少零件重量和降低加工成本，特别重视选材。机身主要结构选用薄壁型材，座舱框架、顶板和地板、发动机整流罩及舱门等都选用轻质复合材料。

EC145直升机右侧视角

▌▌▌▶ 电子设备

　　EC145直升机采用玻璃驾驶舱，与欧洲直升机公司的EC120、EC130、EC155等直升机基本相同，驾驶舱仪表板在EC135直升机的基础上进行了简化，并进行了人机控制适配优化，使驾驶员能集中注意力执行任务。仪表板上安装有法国泰雷兹航空电子公司研制的中央仪表板显示系统 和飞行控制显示系统。飞行控制显示系统由飞机发动机监视显示器和告警、咨询显示器两部分组成。

EC145 直升机的驾驶舱

动力装置

  EC145直升机的动力装置为两台透博梅卡阿吕斯1E2型涡轮轴发动机，单台最大功率为550千瓦。主减速器为川崎重工业公司生产的KB03型。座舱地板下有4个软油箱，可装载694千克燃油。

EC145 直升机在雪山地区飞行

运输能力

EC145直升机有1~2名飞行员，最多可搭载9名乘客。在执行救护任务时，座舱内可布置2副担架和3个座椅，座椅供医生和护士用。该机的最大起飞重量为3585千克，最大外挂重量为1500千克。

EC145 直升机仰视图

10 秒速识

EC145直升机采用四桨叶主旋翼、可拆卸双桨叶尾翼、固定滑橇式起落架，尾撑中段安装有水平安定面，带有端板小翼。

EC145 直升机右侧视角

欧洲 EC155 中型直升机

　　EC155直升机是欧洲直升机公司研制的一款双发长程通用直升机，能坐一般乘客或是改装成救护直升机或VIP豪华专机。

研发历史

　　EC155直升机是在原法国直升机公司"海豚Ⅱ"直升机基础上通过换装更先进的航空发动机和五叶片主旋翼，并对航空电子设备和机舱内饰进行改进后研制而成的，主要面向民用直升机市场。1997年，EC155直升机在巴黎航展上首次公开展出。1999年，EC155直升机取得了法国民航局和德国政府的适航证，同年开始交付使用。

基本参数	
机长	14.3 米
机高	4.35 米
旋翼直径	12.6 米
空重	2618 千克
最高速度	324 千米 / 时
最大航程	857 千米

EC155直升机左侧视角

机体构造

作为"海豚"直升机大家族中的增强型，EC155直升机增加了30%以上座舱空间，行李货舱同样增加了30%的容积。其他改进还包括采用五桨叶柔性桨毂的复合材料主旋翼，沿袭了"海豚"系列直升机可降低震动和噪声水平的涵道式尾桨。

EC155 直升机侧后方仰视图

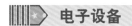

电子设备

EC155直升机采用全玻璃座舱，装备了集成的数字飞行控制系统，采用有源点阵液晶显示器，装有欧洲直升机公司的机体发动机多功能显示系统。此外，该机还配备了四维数字式自动驾驶仪，以及全权数字式发动机控制系统。

EC155 直升机的驾驶舱

动力装置

EC155直升机的动力装置为两台经过优化的透博梅卡阿吕斯2C2型发动机，可适应高温、高原等作业环境。由于安装了全权数控装置，单发安全性能得到增强。EC155直升机具有充足的剩余功率，在同级直升机中具有较快的巡航速度（278 千米/时）和 857千米的航程。

EC155直升机前方仰视图

▎▎▎▷　运输能力

　　EC155直升机座舱环境舒适，可容纳13名乘客外加2名飞行员，若更换为舒适的VIP构型，则可搭载8名乘客加2名飞行员。

EC155 直升机右侧视角

10 秒速识

　　EC155直升机采用五桨叶主旋翼、十桨叶涵道式尾桨，尾撑后部安装有水平安定面，带有下掠式端板小翼。起落架为可收放前三点式。

EC155 直升机后方视角

 ## 欧洲 EC225 中型直升机

　　EC225直升机是欧洲直升机公司开发的民用"超级美洲狮"家族中的下一代长程客运直升机。

基本参数	
机长	19.5 米
机高	4.97 米
旋翼直径	16.2 米
空重	5256 千克
最高速度	275 千米/时
最大航程	820 千米

研发历史

　　欧洲直升机公司于1998年6月宣布开始研发EC225直升机，第一架原型机于2000年11月27日首飞，2004年7月获得欧洲航空安全局颁发的适航证，并于当年12月正式交付使用。

停机坪上的 EC225 中型直升机

机体构造

　　EC225 在设计上以欧洲直升机公司AS332"超级美洲狮"为基础，采用五桨叶旋翼，使用了新型翼型，可以明显降低旋翼产生的振动。其他改进包括强化主旋翼变速箱以及配有主动液晶显示器的全玻璃驾驶舱。

海上飞行的 EC225 中型直升机

电子设备

EC225采用惯性和 GPS 导航系统，还装有雷达可识别水面船只、防冰和除冰系统、水上迫降浮筒，机载救生筏等，并装有应急定位发射装置，可与卫星直接建立连接，配备目前世界上最先进的自动驾驶和仪表显示设备。

EC225 中型直升机的驾驶舱

动力装置

EC225使用两台透博梅卡公司马基拉2A1涡轴发动机，该发动机具有双通道全权数字式发动机控制系统和防冰系统，能够在极地寒冷的气象条件下飞行。

巴黎航展上展出的 EC225 中型直升机

运输能力

EC225根据实际需要，可以运输24名旅客以及2名机师和1名机舱服务员。该机型是面向海上支援和VIP旅客运输市场开发的，并可用于完成公众服务任务。该机的先进性不仅体现在其具备最新电子设备和全新驾驶舱布局的人机界面，还体现在为乘客提供了更好的舒适性。受益于振动和噪音水平的大幅度降低，乘客可以体会到商务喷气客机的飞行品质。由于这些特点，该新机型具备了执行各类任务的性能，从近海石油平台支持、海上搜救到行政运输。

EC225 中型直升机进行海上搜救

10 秒速识

EC225直升机旋翼为五桨叶，叶片具有复合翼梁和抛物线形翼尖。

EC225 中型直升机正在降落

欧洲 AS332 "超级美洲狮" 直升机

AS332 "超级美洲狮" 是欧洲直升机公司研制的双发中型通用直升机。

研发历史

AS332 "超级美洲狮" 最早由法国宇航公司设计并制造。1974年，法国宇航公司开始以SA330 "美洲狮" 直升机为基础，发展一种新型中型运输直升机，该项目计划在1975年巴黎国际航展上发布。1978年9月13日首飞，1981年第一架民用型AS332开始交付使用。

基本参数	
机长	16.79 米
机高	4.97 米
旋翼直径	16.2 米
空重	4660 千克
最高速度	327 千米 / 时
最大航程	851 千米

AS332 "超级美洲狮" 直升机侧方特写

░░░▷ 机体构造

　　AS332"超级美洲狮"的设计类似于SA330直升机，采用四桨叶主旋翼。硬壳式尾梁装有尾桨撞击保护装置，尾梁的前部配有行李舱。起落架为液压可收放前三点式，前轮为自定中心双轮，后轮为单轮。

AS332"超级美洲狮"直升机准备降落

░░░▷ 电子设备

　　AS332"超级美洲狮"的飞行控制系统共使用4个双伺服机构，对循环旋翼、集体旋翼和尾旋翼进行桨距控制。此外，该机还集成了双工数字自动驾驶仪，驾驶舱还配备了双飞行控制系统。

AS332"超级美洲狮"直升机的驾驶舱

动力装置

AS332 "超级美洲狮" 采用两台透博梅卡公司 "马基拉" 1A1涡轴发动机，单台最大应急功率1400千瓦。发动机驱动旋翼机的四叶主旋翼和五叶尾旋翼，以及两个独立的液压系统和1对交流发电机。

AS332 "超级美洲狮" 直升机在高空飞行

运输能力

AS332 "超级美洲狮" 是一款双发中型民用直升机，它的大有效载荷和近5吨的外载荷，可满足重型、大型工业设备的运输任务。除了两名飞行员外，短机身的 AS332 最多可容纳 15 名乘客，而加长机身的 AS332 以舒适的配置将其增加到 20 名乘客。AS332飞行平稳流畅，其宽敞的座舱为乘客提供了极大的舒适性。

AS332 "超级美洲狮" 直升机在水面飞行

10 秒速识

AS332"超级美洲狮"尾桨为五桨叶，机身两侧有浮筒。

AS332"超级美洲狮"直升机侧方特写

意大利 AW109 轻型直升机

AW109直升机是意大利阿古斯塔·韦斯特兰公司生产的双发八座轻型多用途直升机。

研发历史

AW109直升机于1971年8月4日首次试飞，1975年6月获得意大利航空注册局和美国联邦航空管理局适航证，1976年开始交付使用。该机具备全天候飞行能力，其客舱可以快速更改结构以适应商务运输、医疗急救、警务巡逻等不同的任务模式。该机可以在高温、高原地区、寒冷地区、强风和近海大湿度、高盐分环境下正常飞行，能够满足不同地区和环境的作业需求。

AW109直升机前方视角

机体构造

AW109直升机安装了复合材料旋翼、弹性轴承和旋翼夹套以及钛合金转子。该机采用轮式起落架，不仅极大地提高了直升机野外着陆的能力，也增加了绞车作业的安全性，同时轮式起落架的滑跑起飞和着陆功能也提高了直升机的作业性能。该机可以安装

基本参数	
机长	13.04 米
机高	3.5 米
旋翼直径	11 米
空重	1590 千克
最高速度	285 千米 / 时
最大航程	932 千米

各种多用途设备，包括绞车、应急浮筒、红外夜视仪、外部扬声器、夜间搜索灯、吊挂货钩、消防水桶、各种紧急医疗救护设备等。

AW109直升机右侧视角

▓▓▓▷ 电子设备

AW109直升机的数字玻璃驾驶舱内置6个液晶仪器显示器，能直观地显示各个仪器的运作状态，从而减轻了驾驶员的工作负担。

AW109 直升机的驾驶舱

▓▓▓▷ 动力装置

AW109直升机的动力装置为两台普惠加拿大公司的PW206C型涡轮轴发动机（单台最大功率为417千瓦）或两台透博梅卡阿吕斯2K1型涡轮轴发动机（单台最大功率为420千瓦），由全权限数字式发动机控制系统控制。

AW109 直升机在堤坝上空飞行

运输能力

与其家族中的前辈相比，AW109直升机大幅降低耗油量的同时还增加了航程和有效载荷。该机有1～2名机组人员，最多可以搭载7名乘客。客舱不仅舒适、优雅，还采用了最新的隔音技术，隔音效果极为出色。

AW109 直升机编队飞行

10 秒速识

AW109直升机机身细长，采用上下垂直尾翼，尾桨在尾梁左侧。起落架为可收放轮式。

AW109 直升机左侧视角

Chapter 7
民用无人机

　　无人机是指不需要驾驶员登机驾驶的各式遥控飞行器，通常使用遥控、导引或自动驾驶技术来控制。无人机的全球市场在近年大幅增长，现已成为商业、政府和消费应用的重要商品。其能够在诸多领域运用，比如建筑、石油、天然气、能源、农业、救灾等领域。

美国 Lily 无人机

基本参数	
制造商	Lily 机器人公司
机长	0.26 米
机高	0.08 米
空重	1.3 千克
最高速度	40 千米 / 时

Lily无人机是美国Lily机器人公司研制的消费级无人机。

研发历史

Lily机器人公司是一家位于美国加州门罗帕克的初创企业，其联合创始人兼总裁来自加州伯克利大学，而整个Lily无人机项目研发大部分完成于伯克利的机器人地下实验室。2015年，Lily无人机曾在无人机市场引起热议。从功能上看，这款产品弥补了当时市场上航拍产品的空缺，吸引了大众消费者的眼球。它不仅在社交网络上获得了"自来水"式的传播，而且也获得了诸多科技媒体的力挺。遗憾的是，因融资问题，Lily机器人公司于2017年1月12日宣布关闭，Lily无人机最终未能成功问世。

旋翼折叠的 Lily 无人机

▎▎▎⭐〉 机体构造

　　Lily无人机采用四轴动力布局，关键的拍摄部分采用了像素为1200万的摄像头，可以录制60帧的1080P视频或者120帧的720P慢动作视频，航拍过程中飞行器可自动追踪戴有追踪装置的人员。飞行高度为1.75米至15米，而拍摄距离为1.75米至30米。充满电一次可飞行20分钟。

Lily 无人机上方视角

▎▎▎⭐〉 性能解析

　　Lily无人机操作起来非常简便：使用者只需要打开电源，单手将其抛向空中，Lily无人机就会自动飞行并根据指令进行拍摄。而使用者只需根据一枚小巧的追踪装置就可以跟踪飞行，同时可以通过配套的iOS应用程序在手机中设置拍摄视频的参数，并实时编辑分享视频。使用者也可以将定位器携带在身上，

置于手掌的 Lily 无人机

然后将Lily无人机抛飞，接下来就可以随意走动，Lily无人机会像宠物一般在可侦测范围的天空中跟随使用者移动。

10 秒速识

Lily无人机4条旋翼轴从中心球体伸出，使用者在手腕上佩戴一个GPS跟踪设备。

Lily 无人机 GPS 跟踪设备

美国 Solo 无人机

基本参数	
制造商	3D 机器人公司
空重	1.5 千克
续航时间	25 分钟
无线网络范围	800 米

Solo无人机是美国3D机器人公司研制的一款消费级无人机。

研发历史

3D机器人公司成立于2009年，现在已成为美国最大的无人机厂商。2015年，3D机器人公司投入极大的成本研发制造了Solo无人机，以此进入消费类市场。然而，消费级无人机市场变化太快，Solo无人机的销量并不尽如人意。

Solo 无人机及摄像装备

机体构造

Solo无人机配备1GHz处理器，有一个机动的三轴摄像头稳定装置，与运动摄像机巨头GoPro多年的良好合作使这款无人机具备了全时飞行摄像控制和低延时的高清现场视频回传功能。Solo无人机的摄像装置支持4K视频拍摄，并且可以在飞行中开始和停止视频拍摄，省去了很多不必要的画面。Solo无人机的遥控器做工也非常不错，自带一个液晶显示器，能够显示出飞机的基本飞行参数，即使不用手机或者平板电脑做显示器也能掌握飞机的情况。

飞行中的 Solo 无人机

性能解析

Solo无人机具备当时其他无人机所没有的一些功能，比如可以编写飞行路线，为开发人员提供开放代码，提供"响应式"客户服务。该款无人机运用了创新的拍摄技术以及方便快捷的操控方式，而其中两点之间直线飞行拍摄的 Cable Cam功能，用户只需通过相应的手机应用程序便能像专业人士般操控，并如且保证影片的高质量画质。

Solo 无人机开始飞行

10 秒速识

Solo无人机外形是一架黑色的四轴飞行器，采用自紧桨，用黑白标出正反转。

Solo 无人机上方视角

法国 Bebop 无人机

Bebop无人机是法国帕罗公司研制的一款消费级无人机。

研发历史

帕罗公司是一家来自法国的高科技公司，总部设在巴黎，1994年由亨利•赛杜创办，致力于创造、研发并销售面向消费者及专业人士的高科技无线产品。该公司最初主营车载信息娱乐系统，2010年开始涉足无人机，并推出了消费级无人机AR. Drone。此后，帕罗公司又推出了Bebop无人机。

Bebop 无人机上方视角

机体构造

Bebop全机身采用模块化设计，机身使用全新材质，机头采用ABS塑料材质，轻巧的同时可以抗冲击力，对机头形成较好的保护。机身支架使用的是玻璃纤维材质，实际的质感更像金属。该机配备了像素为1400万、可拍摄1080P的高清摄像头，并提供了水平与垂直方向的180°视角。广角镜头可以让Bebop无人机摒弃大多数运动摄影无人机所使用的复杂多轴万向节的架构。Bebop无人机采用了三轴陀螺仪和橡胶减震器来稳定摄像头。除此以外，它还使用了软件算法来进一步维持图像稳定。该机自带8GB的存储空间，在后续的软件更新中也可以支持外接U盘来扩展存储空间。

Bebop 无人机遥控设备

性能解析

　　Bebop无人机的主要用途是航空摄影，使用方式比较简单，基本的控制装置放置在左侧，左侧的虚拟摇杆可以控制仰角和旋转，并使用移动设备的加速度计来控制前进、后退和左右摆动。如果在飞行过程中出现电池电量过低的问题，用户可以点击"回程"按钮，Bebop无人机会在GPS的引导下自动飞回用户身边。

飞行中的 Bebop 无人机

　　Bebop无人机螺旋桨叶很小，桨叶的长度仅和成人一根拇指一样。飞机底部有4个减震球。

Bebop 无人机的摄像头

法国 Disco 无人机

Disco无人机是法国帕罗公司研制的一款消费级无人机。

研发历史

2016年8月23日，法国帕罗公司推出了 Disco无人机，正式开启了消费级固定翼无人机的新时代。早在2016年1月，这款无人机在美国国际消费类电子产品博览会（CES）上就展出过，当时获得了极大的关注。但是直到大半年后才正式发布。

基本参数	
制造商	帕罗公司
空重	0.7 千克
最高速度	80 千米 / 时
续航时间	45 分钟

机体构造

Disco无人机控制器使用两根弹簧承载的操纵杆，左边的Y轴是推力杆，右侧的X和Y杆分别是翻滚和俯仰。该机没有偏航控制，因为它使用升降副翼，并且没有方向舵。通过USB数据线，手机可以连接到控制器上，接收流媒体视频和重要的遥测信息，包括无人机和操控器的电池续航时间。Disco无人机还配备了像素为1400万的摄像头，内置三轴稳定器，使用Wi-Fi传输图像。

Disco 无人机控制器

||||||▷　性能解析

　　Disco无人机是一款无需学习就能上手的固定机翼无人机，它的自动驾驶系统和各种传感器（加速计、陀螺仪、磁力计、气压计、皮托管、全球定位系统）能自主控制飞行。Disco无人机的最高速度达到了80千米/时，比多数消费级无人机都快。固定翼的设计也让它使用时间更长，帕罗公司称单次充电能飞45分钟。Disco无人机可用帕罗公司的标准无线控制器操作，还可以在应用中设定飞行计划，让它自由飞翔。

Disco 无人机正在降落

Disco无人机为固定翼航空器，采用四轴设计，底部有两个支架。

Disco 无人机开始飞行

 # 瑞士 eBee 无人机

eBee无人机是瑞士先知飞行公司研制的一款消费级无人机。

研发历史

瑞士先知飞行公司是法国帕罗公司的子公司，设在瑞士洛桑，专门从事无人机应用领域的研发。eBee无人机是先知飞行公司最新研发的智能无人机系统，是目前市场上最容易操作的全自动迷你型无人机之一。eBee无人机历经长期的研发和不断地优化，以成熟稳定可靠的表现赢得了市场的认可。

基本参数	
制造商	先知飞行公司
机长	0.55 米
机高	0.25 米
翼展	0.96 米
空重	0.638 千克
续航时间	45 分钟

eBee无人机在高空飞行

机体构造

eBee无人机的机身采用模块化设计，机身和机翼可以拆离，和其他所有附件一起放置一个小运输箱内，箱子的重量不足5千克，轻松实现手提和满足航空运输要求。轻巧环保型的APP材质机身和后置螺旋桨设计，大大提高了eBee无人机的操作安全性。由于重量轻，eBee无人机可以手抛起飞。

eBee 无人机及配套设备

性能解析

eBee无人机的起飞、巡航和降落都可自主完成，地面传感器由镜头和一个高灵敏度光学传感器组成，能够精确地分析到地面的距离。该地面传感器是eBee无人机能够通过线性方式轻落到各种地面上，它比单独使用全球定位系统导航降落的其他无人机更精确。这款无人机适用于要求测绘精度高效数据收集工具的专业领域，例如测绘、大型工程建设、地理信息系统等。

eBee 无人机及控制器

eBee无人机为固定翼航空器，机翼小巧轻便。

eBee 无人机将在雪地环境中飞行

[1] 西风. 战略运输机[M]. 北京：中国市场出版社，2014.

[2] 西风. 直升机·教练机[M]. 北京：中国市场出版社，2012.

[3] 深度军事. 现代飞机鉴赏指南[M]. 北京：清华大学出版社，2014.

[4] 廖学锋. 时间机器：世界公务机选购策略[M]. 北京：中航出版传媒有限责任公司，2014.

[5] 保罗·E.艾登. 世界经典民用飞机大揭秘[M]. 北京：机械工业出版社，2020.

[6] 丹尼尔·弗伦泽尔，亚历克斯·凯斯. 无人机详解与剖析[M]. 北京：人民邮电出版社，2019.

[7] 宋建堂. 无人机法律法规与安全飞行[M]. 北京：机械工业出版社，2019.

手枪与冲锋枪
鉴赏指南 （珍藏版）
（第2版）

步枪与机枪
鉴赏指南 （珍藏版）
（第2版）

海军陆战队武器
鉴赏指南 （珍藏版）
（第2版）

作战飞机
鉴赏指南 （珍藏版）
（第2版）

全球火炮
鉴赏指南 （珍藏版）
（第2版）

全球导弹
鉴赏指南 （珍藏版）
（第2版）

世界徽章
鉴赏指南 （珍藏版）
（第2版）

世界军服
鉴赏指南 （珍藏版）
（第2版）

军用辅助舰艇
鉴赏指南 （珍藏版）
（第2版）

军用辅助飞机
鉴赏指南 （珍藏版）
（第2版）

主战舰艇
鉴赏指南 （珍藏版）
（第2版）

航空母舰
鉴赏指南 （珍藏版）
（第2版）

民用飞机
鉴赏指南 （珍藏版）
（第2版）

军用车辆
鉴赏指南 （珍藏版）
（第2版）

航天器
鉴赏指南 （珍藏版）
（第2版）

反恐装备
鉴赏指南 （珍藏版）
（第2版）

别告诉我你懂军事（舰船篇）

别告诉我你懂军事（陆战篇）

别告诉我你懂军事（战机篇）

别告诉我你懂军事（空战篇）

别告诉我你懂军事（枪械篇）

别告诉我你懂军事（特种部队篇）

别告诉我你懂军事（经典战役篇）

别告诉我你懂军事（冷兵器篇）

别告诉我你懂军事（反恐篇）